Remove The Potential Wall

The Most Amazing Potential Development Training

拆掉潜能的墙

世界上最神奇的潜能开发训练

黄　颖◎编著

中国华侨出版社

图书在版编目(CIP)数据

拆掉潜能的墙：世界上最神奇的潜能开发训练 / 黄颖编著.
—北京:中国华侨出版社,2014.6（2021.4重印）

ISBN 978-7-5113-4730-5

Ⅰ.①拆… Ⅱ.①黄… Ⅲ.①成功心理-通俗读物
Ⅳ.①B848.4-49

中国版本图书馆 CIP 数据核字(2014)第119118 号

拆掉潜能的墙：世界上最神奇的潜能开发训练

编　　著 / 黄　颖
责任编辑 / 文　喆
责任校对 / 志　刚
经　　销 / 新华书店
开　　本 / 787 毫米×1092 毫米　1/16　印张/16　字数/205 千字
印　　刷 / 三河市嵩川印刷有限公司
版　　次 / 2014年11月第1版　2021年4月第2次印刷
书　　号 / ISBN 978-7-5113-4730-5
定　　价 / 45.00 元

中国华侨出版社　北京市朝阳区静安里 26 号通成达大厦 3 层　邮编:100028
法律顾问:陈鹰律师事务所
编辑部:(010)64443056　64443979
发行部:(010)64443051　传真:(010)64439708
网址:www.oveaschin.com
E-mail:oveaschin@sina.com

前言

当一个人处在最绝望的时候，第一个想到的会是什么？会是放弃还是坚持？他为什么坚持？抑或为什么坚持？

这一切都取决于一个人潜能发挥的大小。一个人究竟能有多大的能量，能发挥到什么程度，还有多少潜能没被开发？在潜能开发理论盛行的今天，所有的这些都不是新鲜的话题。很多人在生活、工作中都会常常遇到这样的问题，甚至不少人还对这些问题有属于自己的见解。可是现实的情况确实如他们所预想的那样吗？还是他们所预想的和大家看到的完全是两码事呢？

潜能是什么，相信不少人都有自己的解释，但如何有效地开发、利用自己的潜能，却不是一个人轻易可以做到的。我们身体内的潜能，只有在了解自我的基础上，拆掉阻碍在自己面前的那道墙，才能让潜能发挥出来，成就一番惊天动地的事业。

潜能是个很特别的存在，挖掘出它的人会充满活力，发现不了它的人就会垂头丧气，没有一丝的斗志。那些蕴含在内心世界和意识领域最为深层次、最难被发现的能量和力量，在缺少正确方法的情况之下，人们只好最终选择放弃开发它们。

在我们的周围，总有一些人，他们出类拔萃，成绩斐然。怀抱着远大理想的他们，不论外界环境如何千变万化，他们总能发掘自己的潜能，把命运掌握在自己的手上最终实现自己的梦想。因此他们从未感到自己是苍白无力的，他们的生命因为有了潜能的激励而焕发出最闪亮的光彩。

如果说普通人在行为处事上总是一再地绝望和放弃的话，那么这些早已站上人生和事业顶峰的人，他们几乎和绝望、放弃等负面情绪没有太大的联系。在他们眼里，自己是有着无穷无尽能量的人，而所有的这些能量都能在自己潜力的指引之下指导自己的行为通向最成功的彼岸。他们认为所有有意识的举动都会在潜意识的加工下一点点勾勒出未来实现的蓝图，而真正的自我也会在潜能的爆发过程中得到了成长和发展，这所有的一切都是铸就他最终成功的坚实基础。

现实生活中，有多少人在纷繁复杂的环境中难以辨清最终的真相，他们浑浑噩噩地认定自己缺少各种能力，无法去面对真正的挑战，经历困难和挫折也无法真正站起来。本书就是针对这些状况而写出的，它会教会每一个迷茫的人去寻找自己的潜能，拆掉那妨碍自己挖掘潜能的墙，让神奇的潜能释放出来。

要改变人生，获得最伟大的成就，就不要错过这本书，学着用书内所说的原理和规则，尝试着让自己了解最伟大的自己，释放最丰富的潜能。

原序

这是一个真实的故事

亲爱的朋友们：

现在讲给你的这个故事是个真实的故事，或许你听了以后会获得很多启迪。

我们的心灵已被社会中各种危机的阴云所笼罩，这时候更需要你记住梦想和坚持的力量，请记住它们才是人类最伟大的动力。

假设你到过华尔街，你很可能会遇到一个卖杂货的、外表很是普通，甚至有点像是无家可归的老人，请不要只是将他视为一个无家可归的可怜人，因为他很可能是这个世界上最值得人敬仰的推销员之一。

每一天清晨，太阳的光辉洒在曼哈顿岛上的每一座高楼的时候，这位老人安德森就已经开始张罗起他的生意来了。他卖的东西很普通，都是一些小器具，譬如削土豆皮的小刀，很有创意的指甲钳等等。这些很不起眼的小器具在其他地方的售价通常都是一美元，可是在这里却常常卖到了五美元。尽管如此，老人的店旁边还总是围满了人，他一刻不停地给顾客推销自己的商品。安德森一直要工作到整条华尔街的金融精英们都下班了之后才休息，这时候他才开始慢慢收拾自己的摊位结束一天的工作。

让人最难以置信的是，这样一个很是普通，只在街头卖杂货的老人居然把家安在了曼哈顿 park 大道上最豪华的公寓中，这里公寓的价格甚至连很多华尔街的金融精英们都纷纷咋舌。所以，住在这公寓里的安德森总是看起来那么另类，他的身份在人们看来也非常的神秘。自美国次贷危机以来，当不少人在这场金融风暴当中难以自保的时候，安德森的生活似乎一点都没有受到影响，他照例会在每天结束工作之后身着高级名牌西服到曼哈顿的各个高级餐厅用餐，用完餐之后再到一些高雅场所听听音乐会。这场金融危机对他而言就好像从来没有发生过一样，因为他的脸上始终都浮现着最从容的笑容。

半年前，安德森的杂货生意多了一件商品，那是一本书，他开始陆续向身边的顾客介绍这本书，他告诉大家这是他的父母给他留下的最好的礼物。他们全家在上世纪 20 年代的“大萧条”时代正是凭借这本书才度过了艰难的岁月。安德森说：“在大萧条时期到来前，我的父亲也是华尔街一家证券公司的总裁。1929 年，我父亲和他的同事们的财富在一个黑色的周末里全部蒸发。因为公司破产我父亲欠下了巨额债务。一时间我们全家人从最高级的房子被迫迁出，搬到了郊区。如此大的打击让父亲从此变得很是消沉。这种情况一直持续到了 1932 年，一天父亲从外面回来，原本满脸的愁容一下都不见了，反倒是满脸笑容。只见父亲手中拿着一本书，高兴地告诉我们很快家里就可以过上好日子了。我记得从那天以后，父亲就开始卖起了杂货，所有的商品都是几美元的小商品。可是也正是从那时候起，我们家的生活有了很大的起色，安然地度过了那场经济危机。”

安德森还提到，自己在大学毕业以后，也曾经在父亲的安排下到了父亲朋友在华尔街上的金融公司上过班。不过当他自己到了华尔街之后，他的想法全部都改变了，他想让父亲的生意也搬到华尔街。就从那时起，安德森就开始了自己在华尔街的杂货生意，几十年如一日地在那里开着自己的杂货店。最让人感到意外的是，他依靠卖杂货的生活居然一点都不比那些金融白领们差。

很快，无数的华尔街精英被安德森的故事给吸引了。仅仅半年的时间，安德森就在华尔街上卖掉了将近十几万册书。大多数在金融危机中受到重创的人都来安德森这里买书，还有一些证券公司还大量购入这本书分发给自己的员工，供他们阅读。

越来越多的人开始关注安德森的故事，也就在不久前，一家电视台对安德森进行了采访。通过这次采访，人们知道这个老人已经在华尔街从事了60年的销售工作。安德森曾说过："我做的生意不单纯是小本生意，其实只要能有恒心，有耐心，哪怕只是这样卖杂货也能成为一个有钱人。"

在节目当中，安德森还不忘向所有的观众推销自己所销售的这本书，他说："有了这本书就可以走出危机。"他还提到："只要发现了自己的力量，事实上人生并没有危机。"

故事的最后要给大家说一下，安德森所销售的这本书，书名叫作《拆掉潜能的墙》，它是一位名为克里斯汀·拉尔森的心理学家在上世纪20年代经济危机时隐居山洞时的智慧所得。也就是这本书陪伴着安德森和自己的一家人安然度过了经济大萧条的那段岁月。

我们有理由相信当你读完这本书的时候，也会像安德森的父亲那样喜悦地告诉自己："我们能过上好日子了。"

目录

CONTENTS

第一章 \ 至高无上的“本我”

大多数人都明白自己身上蕴藏着各种力量，但如何运用它们去发挥它们的巨大能量却让很多人头疼不已。关键在于，不少人都尚未真正意识到至高无上的“本我”，或者说他们还没有认识到“本我”便是自己。实际上，有了“本我”这一主导性原则的指引，人类才能变得更强大，所蕴藏的力量才能得到自己的指挥和掌控。

1. 人类的力量要通过什么方式来唤醒呢？最简单地说，就是要先分析人类真正的本质是什么，再以此发掘人类所能拥有的一切内在的和外在的，被动的和主动的力量，还包括那些隐藏着的力量。此外，还要找到应用各种力量的方法，运用到人们的生活中去，人们就会因此变得更加强大，生活也会因此更加精彩。

2. 为了让这项发掘人们力量和运用力量方法的工作能够如同日常工作一般得以展开，我们不能说那些所有人都无法理解的话，也不能提所有人在日常生活中都想不到的想法。究竟我们身体和精神上的力量能有多大、有多强，关于这一点我们有强烈的探知欲望。同样的，我们也迫切地想知道，究竟要用什么样的方法来最成功地运用我们身上的这些力量。现实生活当中，我们更重视结果，也就是说我们身上的力量在尚未被有效地运用到生活中之前，我们对自己没有自信。毕竟不是所有人都能够轻易地在人类本质允许的范围内了解到这些力量能爆发出的伟大效果。

3. 在继续深入地发掘这个课题后，慢慢地我们就会感觉我们所面对的问题，无非就是探寻自己身上所蕴含的力量，以及学会这些力量该如何运用。我们已经对人类所拥有的力量进行了充分的研究，包括了有意识的和无意识的，最终得到的结论就是一旦了解了这些力量的运用方法以后，所有我们能想象的成就均可以实现，这无疑在最大程度上满足了我们的欲望，还实现了我们最高的目标。尽管很多人难以置信，不过只要我们真正掌握了如何运用这些力量的方法，并就此全面研究人类的本质的话，关于这一点我们还是不得不相信的，何况所有人都想满足自己的欲望且实现自己的最高目标。

4. 这绝不是没有理由的揣测，也不是我们无法实现的美梦。当人类迄今为止所经历的生命旅程被一点点深入挖掘，生活中每一天的经验都被一点点总结了之后，我们的这种想法就会变得愈发坚定。谁不想去实现自己的梦想呢？又有谁有理由不让自己去实现最高目标，获取越来越多的人生财富？

5. 显然，我们会在对人类本质的全面研究和理解过程当中，自然而然地就挖掘出此项研究的根本。要真正了解和明白如何运用我们身上的各种力量，就只有在懂得了“我们是什么”这个问题的答案的基础上才能实现。要探索人类的本质，方法有千千万万，不过其中对现阶段的研究有着实际价值的只有三种。第一种方法的重点在于强调人的构成包含了自我、意识和形态。这种分析人本质的方法往往由于过于抽象很难为人们所理解，尽管它的分析是最完整的。相比之下，第二种方法要简单许多，它认为人的构成包含了身体、思维和灵魂。这种方法成为了大多数人唯一接受的一种方法，因此其常常被人们所提到，只可惜真正能理解的人却不多。事实上，人们要真正理解它，必须是建立在人的本质由身体、思维和灵魂三部分组成这一观点被彻底否定为前提的基础上。最后一种方法，是其中最实用、最简单的方法，它指出个体和个性组成了人的本质。现在我们对人类本质研究的每个阶段其实都是和人本质有关观念的研究。

6. 我们在对人的本质这个问题进行深入研究之前，还要做一些简要的周边研究，这些研究在我们看来对真正研究人的本质这个课题有着非常大的帮助。要研究如何合理地运用人身上的一切力量，就必须更全面地去理解所有对人进行划分，且提及“自我”的方法，这有助于我们更好地理解人。之所以要这么做，只因为其中蕴藏了一个亘古不变的事实——在每个人身上都有个主导性的原则，这也是人类个性的来源和中心所在，那就是“自我”即是“本我”。有了这个事实，才有了发生在每个人身上的每一件事情，也就是说，它创造了所有事情，因此，与其他事情相比，它才是人身上第一性的东西，其他事物都是第二性的。

7. “自我”在一个普通作者眼里就是一个十分抽象的词语，当它被使用的时候，他认为读者在阅读的时候对文章的理解会因为“自我”的存在而受到一定的影响，只不过这种影响并不大。很显然，普通作者的这种看法是不对的。“自我”的行为发生后才会全面启动全人类系统化的行动，而我们要提前采取行动来促进发展，只有当确保“自我”已经足以产生下一代之后进行。更为重要的一点是，我们必须深刻地明白一点，对于“自我”为人类身上主导性原则的认知程度，决定了我们所拥有的力量的意志力所产生的能量大小，而且这种决定性的作用往往是非常直接的。

8. 所以，当我们将来开始谈论“本我”的时候，要做一件很有必要的事情，那就是将那些在我们所有想法、所有感受，包括所有思维和个性影响下的行动乃至“自我”与之联系起来。把二者联系起来首先要做到的一步就是找到“本我”，不论做什么事情，都要找到自己，从至高无上的自己的角度找到“本我”，无时无刻你要先想到的就是“本我”。也就是说，不管何时何地，“本我”都要在你做事情的时候出现在自己的脑海里，要意识到是因为有了“本我”才有了这样的行动；每每你要开始有所行动时，也要让自己认识到正是因为有了“本我”，自己的行动才有了主动性；每每你要努力去感知自己的存在时，也要提醒自己清晰地认知到，牢牢占据自己意识王国宝座的永远都是“本我”。

9. 还有一点值得注意的是，我们每个人都要在心中暗暗确认一点——所谓的“自我”其实就是你，除此以外，“本我”就是你的这句话还会让你将“本我”视为自己世界里最为至高无上的原则，它作为主导性的原则势必将被看作是最与众不同的，最第一性的，超越了其他生命中的一切事物，它所代表的你是最高、最大且是最全面意义的你，这同其他意义上的你是不同的，是高于它们的，而这些都必须是当你自己对陈述你自己的，或是积极简约地宣扬自己，并由此肯定自己的时候做到的。换言之，这么做会让自己真正做到自我提升，也就是将自己提升到了强大个性的最巅峰，让自己更真实地去面对自己、主宰自己，回到那原本就属于自己的位置上去，回归自己。经过这样的确认和联系之后，你才会意识到自己生命和命运的主宰者就是自己，与此同时，你所有在意识主导下的行为也会随之提升到更高阶段的意识中去。通常情况下，人们把这样高级的生命状态称之为人类生命的宝座，简单说，人类的行为因为有了“本我”这一原则的主导，这一“本我”才始终在运动、变化和发展着。

10. 以生命的宝座为出发点开始行动，才能真正意义上地控制和主导自己身上所拥有的一切力量。既然如此，那这宝座究竟是什么？换言之，在人类精神世界中，从意识萌发的那一刻起，“本我”就应该成为精神世界的核心，要成为你控制和指挥其他事物的主宰，并作为你主动运用自己所拥有的一切力量的源泉。所以，你要作为“本我”去行动起来，不仅仅是作为一个个体或是个性，也不单纯只是一种思维，更不会只是存在的肉体。此外，认识到“自我”占据了最高位置之后的你，也会因此获得更强大的力量，更好地去指导和控制自己所拥有的其他事物。总而言之，不管是在思考还是行动的时候，你都要提醒自己要意识到，“本我”是一直在自己身边和自己在一起的，这是你站在自己精神世界最顶端时，感受到自己已经到达存在的最高端时，必须感觉到的“本我”。当然，你还应该让自己感觉到，“本我”是作为至高的自己而存在的，且你就是那至高无上的“本我”。越频繁地用这种方法进行练习，就越能让你提升自己，无论是思维还是身体的局限都会有突破，帮助你离自己个体世界中最强大的位置更近一步。事实上，做到这些就是让自己更好地回归自己，将自己放到属于自己应有的位置上，掌控自己所能拥有的一切事物。

11. 对普通人的头脑进行检视，我们会从中发现通常情况下，人们会把自己用的脑和身体两者分开。有的人认为头脑是自己，有的人认为身体是自己，但不论是哪种情况，他们最终都不仅难以掌控自己的身体，更难以掌控自己的头脑。这种观点已经使人的本性，各种各样庞杂的观念彻底将“本我”给掩盖了。由于这些所谓的观点的真假本身就难以辨别，因此找不到“本我”的他们的想法也很难得到主导性原则“本我”的指引和指挥，大多为这些庞杂的观念所左右。原本至高无上的“本我”被掩藏到了身体的下层，自己低于身体。要知道，能够很好地掌控自己生活的我们通常获得的指示都来自于身体的上层，“本我”被作为主导性原则而放置在了至高无上的位置。由此，我们不难发觉导致普通人不能很好认识掌控自己所拥有的各种力量，并发挥其巨大能量的根本原因是什么。

12. 普通人第一步要做的是提升自己，把自己提高到身体结构的上层，第二步也是最重要的一步就是重新发掘“本我”，将其恢复为自己的主导性原则，还要承认自己就是“本我”。此外还有一种方法，这种方法通常会在自己和“本我”的联系中让自己感觉到它是那样的重要。它很简单，你可以每天花几分钟去想象和感知到“本我”，实际上也就是自己，这么做已经让自己超越了头脑和身体两者，还在某种程度上，让自己变得和头脑与身体完全不同。从本质上讲，就是让自己每天都去尝试隔离“本我”同其他事物一段时间。

这个办法使得自己能从独立个体的角度去完美地体会“本我”，体验最独立的感受，而在获得这种完美的感受之后，此后只要想到自己时，第一个想到的就一定会是“本我”，那最高的“本我”。从那时起，“本我”就将成为自己所有精神行为的直接来源，同时，自己也能一直站在这些精神行为的高度的上层，以指挥者的姿态去完全掌控和指挥这一系列精神行为。

13. 在这一联系中去检测自己意识和精神行为之间的关系，这么做完全没有必要，当然还有一件更没有必要去做的事情，那就是去探究或是解释存在于两者间内在的普遍规律。所以，这样对于我们自己在意识领域和表达领域正在做的事，我们也许就会很清晰地了解了。“本我”此刻是完全清醒的，换言之，人类领域或是人类世界究竟存在了什么这个“本我”是全然知晓的，此时此刻我们所存在的世界正在发生的事情也在“本我”了解的范围内，我们所谓的意识也就因此形成了。简而言之，你是清醒的，而且你清醒地认识到自身的存在以及你和你的周围存在且正在发生的事情。

14. 我们每个个体的个性当中都普遍存在着那些被我们称为“行为”的事物。我们身体的所有力量都在时时刻刻通过这些事物独特的形式来展示和呈现，因此这些事物本身都有自己独特的形状。我们从关于意识的训练当中发现，“本我”所呈现出来的行为有三种基本类型：简单意识，即“本我”走出生活的圈子看待世界时，此时的意识便是简单意识；自我意识，即“本我”盯着生活中自己所处在的位置看的时候，自己所呈现的就是自我意识；宇宙意识，即“本我”通过智慧的双眼看穿生活真实面目时，意识呈现出的是宇宙意识的状态。

15. 当处在简单意识中时，我们能意识到的只有永恒存在于自己周围的那些事物，一旦拥有了自我意识之后，我们势必已经开始意识到自己是个独特的个体存在了。接下来，再把关注自己的注意力转移，开始关注伟大的实体的内部结构，企图从中探究实体内事物的起源为何物时，那么我们就已经开始意识到了身边这个世界的存在，并感受到所有世界中都包含着一个更为独特的世界。当自己有了这份感受时，就必须承认我们已经敲开了宇宙意识的大门。直到今天，我们在意识研究的众多课题中，宇宙意识的研究仍是当中最为神秘的一项，还没有人能真正涉足这个课题，解开这个谜题。

16. 我们如果想给身体、思维和灵魂三者下准确的定义的话，首先要做的就是彻底推翻从前的旧观念，如同我们前面所陈述的那样做才行。从前，有一种表达方法我们常常用到，那便是“我的灵魂还在”，它所表达的意思是“我还拥有活生生的身体”。这种表达方法在很长的一段时间内成为了深入人心的观念，所以大多数时候只要一提到“我”或是“我自己”，就会自然而然地让人们联想到“身体”一次，就如同条件反射一般。在这种旧有的观念中，我们的个体在一定意义上被众多繁杂的物质性的事物给淹没了，我们未曾将其置于思想和感觉等这些物质状态之上，这也就是我们难以控制它们的原因所在。

17. 如果你无法将自己放到生活的最高处，那你就无法掌控和指挥身体的任何一个部分，更不可能去控制生活中的一切事情，只有当你意识到自己的个体在身体的上层时，上述的一切才能实现，同样的，也只有当你意识到自己的个体在思想的上层时，自己才能自如地掌控和指挥自己思维中的所有想法。概括来说，一个人自己的个体如果只存留于身体内部或是被视为身体的一部分存在的话，那不论做什么样的努力，不论在什么样的意义上，在什么范围之内，他身体的任何一部分力量都无法为其所运用。

18. 在探究人类最纯粹的本质过程中，我们会认识到我们所提到的灵魂其实就是人类自己，而所提到的自我指的是处在人类灵魂中心的原则。更简单地说，“本我”包含在灵魂内部，灵魂随之组成了一个个鲜活的个体生命，而个体又通过灵魂形成了个性。倘若我们想掌控自己所拥有的力量并能运用它们的话，那么必须从现在就开始锻炼自己，相信灵魂便是自己，坚定地认为灵魂绝非是神秘的事物，更不是模糊不清的事物。当灵魂被视为了最为实在的我们时，就可以借助它来解决很多事情了。我们要想办法让自己相信自己在思维和身体的上层，主宰着思维和身体。正因为如此，我们才拥有了运用思维和身体所拥有的所有力量的能力。

第二章＼发展个性　驾驭自我

想做到心想事成并非是一件可望而不可即的事情。多少成功人士的例子都在证明一点，充分地发展自我个性，驾驭自身所拥有的力量便是接近成功的途径。发展个性是成功行为最基础的保证，它能够让人避免随波逐流，并能让自己寻找到“内心的巨人”，因此挖掘内心活动最深层的思想和力量，驾驭自我，就能通往成功。

1. 无论是处在思考还是感觉的状态，无论是在说话还是在行动，无论生活中会有什么样的事情发生，自己都应该坚定地相信一种至高无上的观点，自己比任何其他事物都要优越，处在所有事物之上，因此自己掌握着掌控所有事物的力量。

2. 你要想掌控自己，就一定要让自己在所有思维、行动和意识中被放置在最高的位置，也只有这样，自己身上所拥有的一切力量才能为自己所用，实现现实中自己的每一项目标。所以，我们始终在强调“本我”、灵魂和个体三者应该是具有同一性的事物。我们说把自己放到一个高度，它的重要性就同接下来可能会提及的在实际行动中运用我们自己的力量这个话题一般。即使这个课题的这个阶段的研究多多少少看起来有点抽象，不过当我们逐步开始运用这些观点慢慢深入的时候就会发现，充分彻底地理解这些观点也并不困难。本质上来说，只要我们已经开始真正认识到自己处在比思维和身体更高的位置时，这一部分的课题研究就会开始让我们感觉到趣味十足，甚至要比其他阶段都来的有趣，并且我们还会发现它在应用领域也有很广阔的前景。

3. 关于“个性”一词现在我们可以非常充分地理解了。说“个性”其实指的是无形的人，当然也包括无形的人自身所涵盖的无形的所有事物。人类由个性开启、支配和引导。因此，我们要充分理解且自由发挥自己的个性，以便能系统化地独立支配和运用自己所拥有的力量。另外，我们要有鲜明、果断且积极的个性。对于自己以及自身的需求我们必须了解，而且必须果断地满足这些需求。个性使得我们同其他逻辑存在体之间有了区别，让我们变得与众不同。如果我们自己的个性能够得到充分的发展，那自己就会因此出类拔萃。从一定意义上说，我们在这个世界上能否占得一席之位直接取决于我们自己有多强的个性。

4. 如果我们碰上了一个十分出色，且与众不同的人，他们身上带有他人所缺少的活力，那么就可以断定这样的人一定是成功发展了自己个性的人，他们的行为一定会给这个世界留下属于自己独特的印记。我们试着去假设一下，有两个仅仅是个性有一定差异，其他能力和效率方面都几乎相同的人，其中一个个性得以充分发展，另一个则不然。可以想见的是，我们很快就能断定两人中是谁最终获得了成功。原因很简单，个性得以充分发展的人正是因为自爱和鲜明的个性才超越了自己的心灵和身体，于是在心灵和身体之上他获得了自由支配和引导的力量。相反，那个个性未得到充分发展的人由于无法超越心灵和身体，就在一定程度上受到了心灵和身体的束缚，自然地就无从谈起去支配及引导心灵和身体了，通常这种人都会或多或少地受到来自于自身内部却源于外界的影响。

5. 如果你身边有一个常常给人们留下深刻印象，正在从事一项颇有意义的工作，并且在一步步接近至高无上的成就的人，那他必定是个个性极强且十分积极的人，而且他的个性已经得到了充分的发展。因此，倘若你也想向成功迈进，还能自如地掌控和运用自己的力量，那么重视培养鲜明且积极的个性是你势在必行的一件事情。

6. 缺乏个性，生性怯懦被动的人常常会在人群中随大流，他们所得到的东西通常也是他人施舍的。相比之下，个性得以充分发展的人拥有坚定、积极、鲜明的个性，他们的人生和命运都掌握在自己手上，实现人生梦想是迟早的事情，他们会很快收获人生最初想要的东西。拥有积极个性的人能让事物为己所用，只因为他们手上握着支配万物的力量。如此个性的人之所以能屡屡成功的原因也在于此。此外，还有个重要的原因就是，个性越是充分得到发展的人，越能收获周围人群的赞许和欣赏。无论是谁，他们都热爱力量，因此手上握着力量的人就会在人群中脱颖而出，拥有至高无上的特权。那些充分发展了自我个性的人，通常都有这种力量，一种在常人眼里非比寻常的力量。

7. 充分发展自己的个性，第一件事情就是先要把“本我”这个存在于自己头脑中的概念放置在一个至高的位置，同时必须是正确的位置。一般来说，对“本我”这一概念表现得越敏感的人，就越是能从中获得强大的力量，而正是这种力量的获得能让你培养出积极、鲜明、坚定的个性。第二，对于“感受并假想自己”的观点要彻底领悟，还要掌握如何从支配的角度来思考。

8. 不管什么时候你开始思考自身，从支配角度出发思考自己作为一个人，一个行为主体的存在是非常必要的。另外，你还要把自己的任何一个心愿、任何一次感受、任何时刻的思考以及任何一次心灵的触动都变得积极起来，这样一来，自己的需求才会清晰明了且十分积极。换言之，彻底充分地把握自己的需求，调动自己所拥有的所有力量去渴求的话，个性也会因此被注入巨大的力量和信心。毕竟这些积极的心理活动会调动体内的一切力量，还可以让它们积极地投入那些富有创造力的行为中去。

9. 先在自己的脑子里勾画出一幅蓝图无疑是最为有效的一种方法，你可以把那些充分发展且非常鲜明的个性在其中一笔一画地描绘出来，接下来再设想一下让自己越来越接近自己所勾勒出来的那幅蓝图。在做这件事情时必须牢记，你是在一步步地接近自己最渴望实现的目标。所以，一旦自己对如何发展积极的个性有了非常清楚的想法，并且时常去思考自身个性发展的方向，与此同时自己也有着强烈的去发展这一个性的愿望的话，那一切都变得理所应当了，自己就正在逐步向自己所要实现的目标靠近。除此以外，还有个行之有效的方法，那就是清楚地认识到所谓的“内心的巨人”这一概念。不是所有人都能意识到他们的内心潜伏着一个“内心的巨人”，不过不能因此就忽视它的存在。可以说，我们每一个人都和这个高大伟岸的巨人息息相关。这个“内心的巨人”其实就是潜藏在我们每一个人心中最巨大的力量和所有可能性的全部总称。既然如此，我们不但要意识到它的存在，还要时常想到它，并通过自身所拥有的力量去积极地唤醒它，唤醒那无穷的巨大的力量。

10. 通过这种方式，我们自身内心的那个巨人就会被发现，我们自己的个性也会因为内心的巨人而变得强大、积极且充满活力起来，生活和行为中的我们也就有了更多的力量去实现更多的目标和愿望。从中我们可以发现，每个人身上的个性有着其他事物不可比拟的价值和意义，对于个性，人们给予它再过分的赞美也不为过，给它冠上再多的溢美之词也不会嫌多。现有的所有已知的方法对我们个性充分、积极的发展都有着很大的帮助，所以，我们始终要非常重视并一如既往地去充分、积极地运用这些对我们有大帮助的方法。就事实来说，这么做是我们做过的所有事情当中回报最为丰厚的一件了。

11. 每个人的个性都是我们能看得见的，能看得见的就是这个人的个性。个性存在于人身上，但它又不仅仅存在于身体之中，个性是高于身体的，是绝对超越于身体之上的。一个个性坚强、优秀的人，很可能并非是因为在一般意义上，这个人的个性或是身体看起来很是美好。或许她的脸蛋不是最漂亮的，她的身材也不是最棒的，但最重要的是她的个性得到了充分、积极的发展。也或许她的个性并不是最为与众不同的或是最出类拔萃的，但不可否认的是，这种个性绝对有着某种特质在吸引着其他人，并且这种特质是为大众所赞赏的那种。另一方面，一个在自身个性方面缺乏充分发展的人或者是并未很好地发展自身个性的人，我们看到他时，他的身体就更像是一个平凡到不能再平凡的皮囊，没有积极、鲜明个性的不充实的皮囊。一般来说，此类人的个性是粗鄙不堪的，有的人的个性还非常粗劣。我们不能让自己的个性变成这样。世间任何一个人的个性都要经历过各种磨砺才能真正日臻完善，而后才能获得积极坚强的特性，而经过了磨炼后一点点培养出来的个性自身也会散发出与众不同的魅力，才足以让人欣赏。因此，我们都有理由要经历磨炼去培养和发展自身的个性。

12. 发展个性其中最重要的一个理由，莫过于就是要更好地运用我们身上所拥有的各种力量，通过个性就可以充分运用这些力量了。个性越是积极充分发展的人，就越能够自由、自信地运用和支配自己身上所拥有的那些力量了，反之则不然。我们会在日常生活中发现那些个性很是粗鄙的人，在运用自身力量方面总是存在不少的困难，他们总是很难发挥自身最有优势的那些部分。生活当中总有很多人常常表示自己的天赋和能力总是难以合理充分地运用，上述我们所说的便是其中的一个理由。通常这时候，人们忽略了自己的个性，也可以说是，人们的个性还没有成为自己的一个最佳的表达天赋和能力的工具，更没能用恰当的方式来传达自身更好的事物，个性就因此没能发展并发挥自身的作用。打个比方，个性和个人之间的关系可以比喻成钢琴和音乐家之间的关系，两者有着众多相似之处。一个再出色再权威的音乐家，如果碰上了一台没有调准音的钢琴，他同样是无法演奏出精彩绝伦的音乐来的，这便是“巧妇难为无米之炊”的道理。同理可证，如果音乐家所使用的钢琴或是其他乐器并非精制，而是粗制滥造的，那不论是什么样的音乐家也是无法在如此拙劣的乐器上弹奏出美妙的音乐的。再来说说个性和个人二者，同样也是如此。个性没有充分发展，再好的个人也是不完善的。如何发展个性，其中最为核心的一点就是要让自己学会合理科学地运用自己所拥有的各种创造性能量，只有做到了这一点，个性才能充分发展。关于这一点，我们将在别的章节再具体详细地说明，此处不再赘述。

13. 我们自身所拥有的各种力量在被运用的时候，思维活动付诸行动一般可以分为三个层面。第一个层面通常是有意识的层面，也就是说，我们在运用自身力量去付诸行动的时候，是在思维清醒的状态下完成的。第二个层面则一般指的是无意识的层面，具体来说就是我们的思维是在潜意识当中活动的，而非具体清醒的意识当中。譬如我们进入睡眠状态的时候，此时思维所进行的状态都是无意识层面的，睡眠中的活动就是在这个层面上展开的活动。因此，我们常常说"睡着了"，这不过是就理论意义上来说的，只不过是有意识的活动停止了，无意识、潜意识层面还有思维活动在进行。毕竟当我们进入睡眠的状态之后，自我感会因此而下降，也可以说，思维从有意识层面仿佛又进入了另一个层面或是另一个世界，一个比有意识的世界更为广阔的世界，只可惜很多人的那个世界都尚未被开启，尚未被认识。最后一个层面就是超意识的层面。相比于前两个层面，这个层面上的思维活动就进入了更高的领域。在这个领域里的思维活动，我们可以从中获得巨大的力量和精神上的鼓舞，这是前两种层面活动所不能提供的。其实，能够让思维活动进入最后一个超意识层面的人，或者说我们已经触及了超意识领域之后，通常都会有种特别的感觉，那便是自己仿佛不仅仅是人类，早已超越于人类了。

14. 因此说，我们要学会在超意识层面的至高领域中如何行为处世，这一点是很必要的，即使有时候这种行为处世的方式在很多人初接触时还感觉颇为神秘和模糊。其实，每个人都和这个超意识有过接触，只不过有些人是有意的，有些人是无意的，但或多或少都一直在保持接触。比如，日常生活中，我们在聆听一些颇为励志的歌曲时，或是在阅读一些伟大的文学作品时，也可能是在聆听某些伟大人物的权威性发言时，或是在欣赏自然界当中发生的某些震撼内心的事情和画面时，这些时候，我们都在和超意识领域产生了接触，进入了其中，只不过不少人都未曾意识到自己已经走进了超意识领域罢了。此外，除了上述的那些方式以外，每每我们胸怀雄韬伟略的时候，自己也会因此进入超意识层面的领域，而且当我们与超意识领域有所接触的时候，我们还会从中挖掘出其巨大的现实意义。

15. 一个胸怀大志的，有着凌云壮志的人，当他感到心潮澎湃的时候，或者更准确地说，当他感受到自己所怀有的雄心壮志赐予自己巨大的力量时，不论是谁，无论什么时候，他都会和心灵最高的层面和领域产生接触。当他与之接触了之后，就会从中感受到一种前所未有的巨大力量和决心，除此以外，他还会因此感觉自己的内心被注入了从未有过的活力。鉴于此，自己渴望实现计划，完成目标和愿望所需要的力量、智慧和能力也都会因此完整获得，这样一来，自己的抱负和理想也得以完美的实现。所以可以这么说，这个崇高无上的领域所给予自己的启示是最神圣的启示。所有期望获得成功，取得他人所不能企及的辉煌成就的人，无论是谁，都必须明白只有和这个让人惊叹无比的崇高领域保持接触，进入超意识领域才能保证成功的实现。

16. 既然如此，就要多多训练自己和这个崇高的超意识领域时不时保持接触。当我们开始锻炼自己的大脑，让思维活动常常能到达到超意识的状态的时候，我们就会感觉自己曾经梦想得到的那些东西正在源源不断地朝自己而来。除了获得梦寐以求的事物以外，那些需要我们去掌握的方法也在这个过程当中被我们一一领悟。做到了这些以后，我们不管碰到什么样的困难，都能完美地攻克，因为我们已经找到最合适的方法。因此，如果这个时候你正处于困境当中，别气馁，别灰心，只要端正好心态，重新振作精神，保证自己一直努力地和超意识状态保持接触，进入了超意识领域之后，这些现在看起来很难攻克的困境就会很快因为自己所受到的启发而迎刃而解。

17. 上面我们说到了进入超意识领域的价值，其实它的现实价值远不止于此，上述的不过是其中的一个部分而已。人类所拥有的力量当中，最崇高的那部分力量同时也是最强大的力量。这些力量并非在任何层面都可以加以运用，只有在超意识领域当中，这种强大且崇高的力量才能得到运用。因此，我们要是想全面了解和运用自身所拥有的所有力量的话，就不能轻易地错过或是忽略这部分力量的运用。要运用这部分力量，首先必须进入超意识领域，这就要求我们一定要经常训练自己的大脑，让思维进入超意识层面。不单单可以在有意识和无意识的领域当中进行思维活动，还应当进入更高的超意识层面进行思考。当然，同时我们也要小心另一件事情的发生，那便是过分沉浸于超意识领域当中，我们要学会克制自己，防止自己沉溺于其中。尽管上文提过，超意识是人类所有力量的至高来源，而且我们每个人都需要依靠这些来源于至高领域的力量来完成自己的目标，实现个人的成功。不过要知道的一点是，这些力量除非已经降临人间，或者它们已经被人们在实际行动中利用，要不然我们是无法利用它们的，也就是说这些至高领域中的力量是不可以被人们所用的。

18. 一般来说，过分沉浸在超意识领域中的人们就会一直做白日梦，他们尽管与超意识领域中的至高力量发生接触，但由于无法将这些力量实际运用到自己的行动中去，最后的结果仍旧会是一无所成，更别说是要实现个人的梦想和目标，一切都只会是他的白日幻想，所谓的梦想是永远都不会实现的。要实现自己的梦想，我们需要做的是把自己的心理活动融入三个层面当中，无论是意识、潜意识还是超意识，我们都要把心理行为加入其中。总的来说，在三个层面上都充分运用自己所拥有的力量的人，才能创造个人的成功，打造自己的一番伟业。

19. 在具体行为中，我们持续不断地在运用这些力量，并且我们会认识到我们一定是从心理层面去运用这所有的力量，之所以如此，是因为人类行为的真正层面不是别的正是人类的心理层面，这也就不难解释为何一定要从心理层面去运用这所有力量的原因了。人类潜在的思维活动和思想在我们看来通常都是对行为起决定性作用的，它们不单单决定了行为的方向，还会对行为的结果有着直接的影响作用，而这些潜在的思想便是在心理层面不断流动着，可见心理层面流动着的潜在思想正是通过心理层面的方式来影响行为的。曾有这么一句话恰好准确地描述了潜在思想和行为之间的关系："搁在最上层的稻草会滑动，但想要觅得珍珠的人就要潜入它的最底部。"

20. 这句话里面提到的"底部"实际上是用来比喻人类生活和意识当中的最底层，即心理层面，其实也就是我们上面提到的潜在思想涌动着的那个层面。相比于思维活动，心理层面蕴含在最底部，而思维活动则通常都会在表面呈现出来。纵观古今中外，凡是伟大的思想家，都不仅仅停留在思维这一表层的活动上，他们无一例外地都会对最底层进行挖掘，在最深层的心理层面展开自己的活动。于是，这些思想家的思想就会自由地在底层的心理层面行动，遨游在那些富饶辽阔的心灵宝藏当中，也就是我们常常称之为“心灵的金矿”或是“灵魂的钻石宝地”的那些地方。

21. 当我们开始运用所有力量时，我们也开始走入了这些力量最内在的心理层面。换句话说，我们开始慢慢了解运用这些力量的内在层面时，就会认识到其中蕴藏着的思想。与之同时，我们也开始一步步掌控和支配这些思想。同样的，我们也在这种潜藏着的最底层当中寻找到了导致自己采取相应行动的最初的生理和心理两方面的理由。

22. 这些蕴藏在最深层层面的思想若是在行为当中能够被我们巧妙地运用的话，我们就可以很轻易地摈弃掉我们所不喜欢的事物，只是一心一意地去创造出我们喜欢的，我们想要的那些事物。这些潜藏着的思想还会依据我们的付出，照顾到我们的生理层面和心理层面开始具体行动，凡是那些个性的一切都会和它对应，对它做出相应的反应。简单来说就是我们必须先引领着内心最深层的潜藏思想为自己所期望得到的结果来付出行动，要不然不论在生理上还是心理上，都不会有任何收获。

23. 所以，最重要的便是如何巧妙地去运用这些潜藏着的思想。无论是我们要去做些什么，还是只是想掌控支配或是运用某一些力量的时候，巧妙地去运用潜藏思想都是至关重要的。毕竟，我们只有进入了最内在的心理层面的时候，这些潜藏的思想才能真正为我们所用。

24. 同样的道理，要很好地利用这些潜藏的思想还可以在充分地理解了现实生活中所有事物的内在心理后实现。我们之所以要去理解现实事物的心理，是因为只有在了解了它们内在的心理状态之后，它们隐藏起来的那些力量才能为我们所知，顺理成章地这部分力量也就可以为我们所支配且合理地运用了。

25. 再来说说最后一点。要真正去理解和合理运用这些潜藏的力量，并通过它们来保证获取我们所渴求的结果，我们必须首先站在自身行动的立场上，其次再从自己所处的环境出发，开始充分细致地对周围现实生活中的各种事物内在的心理状态进行了解。只有做到这样才能对我们运用这些力量获取成功起到重要的保障作用。

26. 在如何巧妙地运用这些潜藏力量的问题上，上述的这条法则显然非常重要。不论是潜藏的力量通过身体的某一项技能得以运用，还是这些力量在心灵层面上浮动，并通过心灵层面充分发挥其作用，还是说它们的存在是经由个性或是有意识、潜意识、超意识三个层面而为人类所运用等等，总而言之，我们如果想要真正有力地掌控和支配自身所拥有的所有力量，就要从这些潜藏的力量入手，深入去理解它们的内在心理状态，只有这么做，这些潜藏力量或是思想的作用才会在我们的具体行为中淋漓尽致地发挥出来。一般而言，我们每一项行为的结果都为这些潜藏力量和思想左右着，由此可见，只要它们能为我们所自由地支配和掌控，那么我们具体行为的结果也就可以为自己所掌控和支配，简单来说，就是每一件事情就真正能做到心想事成了。

第三章 \ 接受精神力量的指引

人类自身所拥有的力量很多，但其中最至高无上的只有精神力量。精神力量几乎直接决定了人们能否获得成功，因此，只有那些有意识地能从实践层面充分利用精神力量为自己的人生目标服务的人们，最终才能获得成功的垂青。若是不能让自己的思维活动积极动作起来，没有精神力量指引的人只会随波逐流，找不到方向，落入失败的窠臼之中。

1. 当下世界的最高统治者无疑就是精神力量，因此那些有了大作为，取得大成功的人理所当然地就应该是能最好地利用精神力量的人，这些人因此而登上了自己事业的巅峰。将这些能够统治着世界的伟大精神力量完全运用到自己实际生活和工作当中去的人必是获得极大成功的人士，他们会让自己的每一次思维活动变得十分有意义，也能使之收获巨大的成效。

2. 有时候，我们会发现身边有那样的一群人，他们非常有才华，也很能干，但总是在事业发展上屡屡不得志。碰上这种情况的时候，我们总在不断地思考原因是什么，究竟是什么让这一类人总是难以成就自己事业的成功呢？原因其实很简单，他们不得志只是因为他们还没有认识到运用精神力量的合理方式，也就是说，他们尚未找到他们理应采取的方式去充分运用精神力量来帮助他们走向成功。所以说，这些人不应该怨天尤人，他们必须明白的一点就是，要实现自己事业上的奋斗目标，就一定要重视精神力量，以此作为奋斗的动力去实现自己的目标，也只有这样才能最终达成自己的理想，获得梦寐以求的事业成功。

3. 当然除了上面提到的不重视精神力量的原因之外，他们事业上“不得志”还和其他方面的一些原因有着莫大的关系。其中最为重要的一个原因就是，每个人在朝着自己奋斗的目标一次次努力的时候，当我们在一次次尝试着用适当的方法去运用精神力量的时候，有没有人注意到我们身上还有一些其他的能量也在活动，它们也在朝着它们想要达到的目标而做着自己的努力。关于这一点，特别是在我们了解了精神力量的作用时表现得尤为明显。通常我们认识到精神力量的作用不仅仅可以用来统治世界，还能统治人类本身的时候，我们就会充分意识到这一点了。因此，为了能更好地实现自己的理想，我们首先要考虑的就是如何让思维活动最科学、最有效且有创造性地得到运用。

4. 接下来的这一章内容中，我们要着重阐述和讨论的问题将是人类的首要原则是“本我”，那么基于这一观点，我们是不是可以总结出这样一条结论，虽然它从严格意义上来讲还不是非常的准确，但可以确定的是“本我”就是人类的首要原则。力量和原则本是两个概念，它们之间存在着差异，而且是抽象意义上的差异，但单纯就实用性的角度来说，二者之间的差异确实没必要去深究。更为必要的一件事情应当是了解“本我”对我们大脑思维的支配作用，它就是那支配人类世界，统治人类世界的精神力量，以此支配和统治着这世界的一切事物，包括我们在内。其中最为核心的要数思维了，可是处在这核心背后的却还有一个巨大的力量，那就是“本我”，它是直接决定和影响思维的力量。因此，我们必须了解如何去运用这强大的精神力量，这对于任何人来说都是至关重要的。只不过在了解如何运用之前，还必须先进行另一项前提工作，那就是深入研究和理解这种强大精神力量的具体内涵是什么。

5. 就广义的意义上来说，心灵世界里存在的所有力量都可以被称为精神力量，也就是说，心灵世界的所有力量的总和便是我们所说的精神力量，这其中还包含了在思维过程当中人们所运用的那部分力量。因此，可以说精神力量当中包括了意愿的力量、期望的力量、感受的力量和思想的力量。从三个意识的层面来解释的话，精神力量不但包含了意识活动的阶段，还涵盖了无意识活动的所有阶段。实际上，精神力量的基本内涵就是关于人类思维活动的一切。

6. 既然了解了精神力量的内涵，那么到底要如何利用它们呢？我们必须明白，首先我们要朝着自己既定的目标而奋斗，指引着自己所有的心理活动。要知道指引自己的心理活动朝着既定的奋斗目标前进绝非是一时的偶然所为，无论是谁都要坚持下去，持之以恒才能达成所愿。只可惜在现实当中，不是所有的思维主体都能坚持做到这一点，很多人都没有强大的恒心去坚持执行这条原则。一般人在思考某一件事情之后，没过多久就会换另外一件事情思考了，这种短暂的思维活动显然不是持之以恒的表现。很明显，在某段时间里，他们的思维活动和方式都没有坚持下去，而且他们此时的思维方式也和另一个时间段内的思维方式有着很大的差别，一切只因为他们仅仅是经历了短暂的思维就发生了变化。很多时候，他们先是定了一个目标，随后不久，他们就会改变自己的想法，目标也随之发生改变，所以一心一意对他们来说总是太过困难，他们的思维方式和活动总是三心二意的，不能始终坚持朝着一个固定的方向和目标而努力和奋斗。众所周知，只要是为自己定下了最终奋斗目标的人，一般都会铆足劲儿朝这个方向坚定不移地努力前进，为了实现这个既定的目标，他们还会通过支配自身所具备的一切力量来奋斗。坚定和果断的态度主要表现在他们一心一意、心无旁骛地为了这个目标而努力，所以他们一般不会轻易地让自己的行为和思维活动游离到目标之外的其他事情之上，他们更不会为了目标之外的其他事务浪费过多的精力和心思。他们会全心全意地运用所有的精神力量为实现这个梦想而努力。精神力量本身就是所有力量的主宰，所以在精神力量的影响下，他们会调动自己身上所有的潜藏力量，全力朝着自己梦想和目标的方向坚定不移地前进。

7. 我们不论运用精神力量还是其他的潜藏力量的时候，首先要考虑的问题便是弄清楚自己要的到底是什么以及自己想要做到的事情又是什么。只有搞清楚了这个问题，自己内心弄明白了自己的所需所求之后，上述问题的答案才能牢牢镌刻在自己的内心深处，自己的内心也因此能时时看到它。不过现实当中很多人都无法做到这一点，问题的关键在于他们尚不清楚自己想要的是什么，想要做的事情又是什么。他们可能随口说说自己有要实现的愿望，但终归都是那样的含糊不清，并没有清晰的目的和梦想，没有真正弄清楚自己要的是什么，他们最终失败的原因也在于此。要知道，无法清晰地搞清楚自己的所需所求的人，很难充分运用精神力量以及其他的力量，自己的力量也很难凝聚起来。力量一旦变得分散的话，成功就很难离自己越来越近了，失败就必然会出现。

8. 不过不必为此而感到担心，要做到高枕无忧地走向成功也并不难。首先我们必须先了解自己真正想要的是什么，搞清楚自己想做的又是什么，这样一来，就可以正确、合理地去运用精神力量以及其他力量，不浪费一点点精力，最终获得成功的垂青。如此做的话，任何人都可以成功。精神力量本就包含着意愿的力量、思想的力量、欲望的力量和渴望的力量等众多力量，这些力量在我们的支配之下它们发挥出了超人的能量，我们将其加在一起为了自己所想要达成的某一个目标而努力奋斗，那哪里还有实现不了的道理呢?

9. 接下来，我们将用具体的例子来进一步阐述这个观点。假设你的心里已经有了一个很清晰的奋斗目标，这是一个非常宏伟的梦想，而且你已经开始为了这个梦想辛勤地奋斗了，不分昼夜，时刻都不敢懈怠地在朝着这个目标倾注自己所有的力量，包含精神力量在内。结果可以想见，你一定是能一点一点地将自己身上所拥有的力量都集中起来，只为了实现这个目标而努力，在不久的未来，自己的梦想就会因为自己的能力被充分地利用而最终完美地实现。

10. 再来举个例子说明吧。这一次不妨做这样的假设，假定你自己不过是这世界上最普通的人，和其他所有的凡夫俗子没有什么区别，平凡地生活在这世间。如果你也仔细地思考过自己的理想是什么，那就会明白要去追寻并实现自己的梦想必须走一条和现在的自己完全不同的道路。有了这样的考虑之后，你就要利用另一种方式来支配自己所拥有的一切力量。没过多久，你又会有新的领悟，原来除了自己所正在进行的方式以外，还有另一种方式可以用来实现自己的愿望。于是，你又做了一个决定，那便是换上自己刚刚领悟的方式，去重新支配自己的所有力量。想象一下，接下来会发生什么样的事情呢？很显然，这个结果会是，你自己每一次全新的开始都很好，但成功却始终未曾降临，因为在成功来临之前，你每一次的尝试都半途而废，你选择了放弃而不是坚持。

11. 只不过世上有太多的人总在犯上述的错误，而且还有不少人总在重蹈覆辙，尽管他们十分有才干，才华横溢，但同样的错误总在一次又一次地重复出现。看上去，他们也有自己所追寻的目标和梦想，但在追寻的过程中，他们却没能一如既往地坚持自己最初的想法和支配自己的力量，他们三心二意，有了新的想法就立刻放弃原来的努力，朝令夕改令他们永远都无法接近成功。无法长时间地坚持用一种方式去支配自己的力量、追求理想的人，最终的结果非但不能成功，还会离成功越来越远。除了这类人以外，还有一类人也是注定无法成功的。他们把自己大部分的精力都集中于理想之上，再不去考虑其他问题，最后尽管他们也会因此获得部分成功，可惜他们仍旧在那些芝麻琐事上浪费着时间和精力。所以他们所能支配的自身的力量不过是其中很小的一部分而已，剩下的其他力量都因此而被忽略和浪费，要不就是没被利用，要不就是干脆浪费在那些杂乱无章的小事情上了。

12. 当今社会，各行各业都注重效率，效率几乎已经成了所有企业和个人追求的目标。想在如此重视效率的社会当中站稳自己的脚跟，首先就要学会不浪费，哪怕那么一点点微不足道的力量和精力都不能随便浪费。有了既定方向的人们，要让自己追寻目标的旅程变得更有效率，必须一门心思地专心朝着自己的理想奋斗和努力，在这个过程中抵制住各种外界诱惑和克制住自己内心的各种欲望都是必须的，保证自己不分心地坚持下去，哪怕只有一刻都不可以。

13. 要时刻提醒自己，当自己有了一个梦想，就要每一时每一刻都将它铭刻在心，别忘了它的存在。时刻都不忘自己的这个梦想的人，才能在最大程度上坚定地升华自己的梦想。给自己许下越是宏大的目标，自己将来越能获得惊人的成功和耀眼的辉煌。但也请记住，不是给自己确定了伟大的梦想之后，自己就会轻易地达成至高目标。两者之间是没有必然联系的。日常生活当中，我们会发现很多人有梦想，但却实现不了的。目光短浅的人即便是给自己定下了眼前的目标，也会因为各种原因而无法实现。而那些高瞻远瞩的人，他们胸怀伟大的梦想，宏伟的目标，他们也尽力去为实现梦想而努力，即便最终不能实现这一伟大的目标，他们最初的心愿也会得到满足。因此，学会做一个高瞻远瞩的人，确立一个伟大的愿望同时为此而奋斗努力吧。

14. 从本质上来说，要实现一个人的梦想，最重要的还是要将掌控和支配巨大精神力量与实现梦想彼此融合，就是把强大的精神力量倾注到自己将要达成的梦想中去。所以在确定了自己的梦想之后，就要开始着手把自己所有的思想和力量都一一灌输到自己的梦想当中去，随后要做的就是监督自己，不放松对自己的要求，每一次思维活动都要受到监督，以避免受到环境和条件等外在因素的影响。

15. 再有的就是要保证自己一直处于积极的状态中，有一个积极的心态。我们一定要辨别清楚，每当我们的心中产生了对某种事物的渴望，想要获得某种东西，或是刚刚萌发对某种事物的渴望的时候，此刻的心态到底是积极的还是消极的。要清楚地弄明白自己积极与否，我们必须知道积极的态度和消极的态度分别对于行动的影响。但凡积极的行动我们总会感觉它是朝着我们所重视的方向努力的，而消极的行动则不然，它们不但不前进，反倒只会一味地退缩。处于积极的行动中，我们也会朝着应当前进的方向努力前进，积极的行动让我们感觉浑身是劲，身上的所有动力仿佛都积极地被驱动了起来。可以这么说，在积极心态的推动下，一种膨胀了的、延伸了的意识状态融入了我们心中。同时，坚决果断的神经系统也让积极的人把自己的积极心态体现出来。神经系统又是如何判断自己是否已经有了积极的心态，处于积极当中呢？一般来说，处在积极心理状态中的我们，毫不费力地就会感觉到自己的每一根神经都时时刻刻处于紧绷状态。这个时候我们再去做任何一件事情，无疑都会得偿所愿。拥有积极心态的人感觉乐观和积极，也永远都不会感觉到厌烦或是紧张，不论做什么事情也都不至于会因此感到伤神或是焦虑。心态越是积极的人，生活中就越感觉平静，也越能感受到对自我支配的得心应手和轻松自如。积极向上的人绝不会像消极应对的人那样，在社会上总是到处碰壁，还如无头苍蝇一样四处乱撞，遇事时，他们更多的是保持冷静，用最为客观的眼光去做出合理的判断，并拿出最合适的策略应对每一个问题。一个人只有保持平静才有可能随机应变，因为他们能够积极地面对问题的出现，而在解决问题的过程当中，他们也能比其他人更容易去倾注自己所有的能量和精力，每一根神经都处于积极的紧张状态，这样的人在面对未来时往往做好了更为充分的准备。

16. 就心态而言，积极乐观的心态都相对和谐，消极的心态只能是混乱不堪的。正因为状态的不同，很多抱有消极心态的人们会感觉丧失了很多自己原本拥有的力量。相比之下，积极心态的人则显得幸运得多，抱有积极心态的人很快就会感觉到力量的汇聚。本来积极就意味着力量的聚集，有了力量聚集之后，人们就可以更好地支配这些汇聚过来的力量，等待最有利于自己的机遇的到来，随机应变采取行动。同样的，在行动中，积极的心态也会有很大的帮助，它会让人们感觉到自己获得了更为自如的方式去运用聚积在自己身上的所有力量。因此，在积极的人眼里，无论是怎样的心理状态和活动都是非常和谐的，都在朝着同一个目标持续努力。而消极的人眼里的一切却有着天壤之别。在他们看来，即便是一样的行为却总是四分五裂，处在其中的人就会感觉到无比的紧张，并因此而焦虑异常。所以他们缺乏统一的方向，四处乱闯，有时候他们会侥幸知道正确的方向，不过绝大多数的时间里他们还都像是无头苍蝇一样无所适从，找不着北。

17. 可以不夸张地说，如果一个人的成功是注定的话，那么一个人的失败也可能是注定的。上面提到消极心态会让一个人的精力分散，无法集中力量去朝着正确的方向前进，它的结果必然就是失败。那么反过来，要让一个人的精力聚积起来，那就只有在积极的心态的影响下才能达成，这一类人获得成功的概率就非常高。打个比方来说，一颗总是呈现出积极状态的心灵仿佛是一条川流不息的河流，奔腾汹涌。在不断流动的过程当中，有多少支流汇集其中，大河从中吸纳了多少水流，自己也因此由小变大，水流越来越大，水量越来越可观，自然而然它就会变成一条更为汹涌澎湃，气势壮大的大江大河。这一切只因为它在汇入大海之前，持续地吸收支流的能量，壮大自己的力量，最后让自己气势如虹。那么，消极的心态呢？处在消极心态中的心灵就好比是一条不断往前流，同时却也在不断分流的河流，它原本的水流在经过一次次分流之后，开始变得越来越小。在它汇入大海之前，不是因为有了支流的汇入而愈发强大，反倒是因为分流成了成千上万条的小细流，让自己失去了原本的力量和气势。这便是力量的分散，缺少了力量的凝聚之后，消极心态只会让自身的力量逐渐丧失。可见，积极的心态有多重要。既然如此，那么培养积极的心态就成了我们每一个人都必须修炼的一门重要课程。拥有积极的心态，首先要培养积极乐观的品质。积极乐观的品质如何培养，我们要牢记这样一点：不论是谁，一定要紧密关注自己心里最想要得到的是什么。切记，关于这一点，任何人都要坚定果断且客观冷静地密切关注，不能有丝毫的懈怠。唯有这样，我们才会理解自己的目标和梦想是什么，深入理解自己的梦想，不能松懈，要一直持续到我们自己感觉到身上的每一分力量都在尽情地释放自己的能量。记住，这份感受绝非来自于表面，而是从里到外，真正发自我们内心地感受到。只要我们有了这份积极乐观的态度，自己就会感觉自己的心态变得比从前积极许多，也能实实在在地体会到自己的名望和力量都在一点点的聚积。这么做的作用其实还不仅仅是让自己越发能够自如轻松地运用身上的所有才能和天赋，更值得注意的一点是身边的所有人也会因此关注到我们自身所发生的巨大变化。由此，不少正在猎才的人们眼前的我们就仿佛是那不可多得的人才一般可贵，无论是什么样的工作均可以胜任。对他们来说，和我们合作对其工作显然是颇有价值的。

18. 不难看出，拥有积极心态对任何人而言都是有益而无害的。一个心态积极的人不但可以让自己更为自如地运用自身所具备的各种力量，还能够帮助人们塑造个性，个性的形成和塑造无疑让自己在与他人的激烈竞争中获得更多的优势。当今世界抱着消极心态的人显然是不受欢迎的，消极处世的态度也是不适应现实生活的节奏的。有消极处世态度的人一般个性都会相对脆弱，而且在很多事情上都表现得一无是处，这一类人在人群中很难受到重视，常常会被人们忽略。而积极态度的人则乐于在为人处事上积极向上，这类人在人群中就容易吸引其他人的注意，二者相比，显然积极态度的人更有优势。这个道理是至真的真理，因为积极个性的人通常在运用自身力量方面占据了很大的优势，他们比起消极个性的人更能够积极主动地行动，因此他们一旦开始行动，效率就要比其他人高出许多。

19. 回到精神力量利用的这个问题上，怎样才能更好地利用精神力量还有很重要的一点，那便是我们要让自身的每一项行为都颇具建设性。如果我们抱有强烈的自我发展、提高或是成功的愿望，那么有建设性的心理活动唯有建立在此类愿望之上才能让我们的行为都具有建设性。简单来说，愿望如果越来越强大，越来越强烈的话，那建立在这个愿望之上的每一项行为都会随之越来越有价值。设想一下，如果我们每一次心理活动都有类似的感受出现，那毫无疑问的是，在不久之后，我们就会自然而然地形成构建建设性思维的习惯，甚至将此转化为一种后天的天赋。换言之，这种天赋会让我们的思维力量变得更具创造性，同时还能让自己更接近自己的梦想，最终达成所愿。

20. 每个人为了达成自己的愿望，都期望自己的思维和行为能变得更有创造性。因此，我们要始终保持这种期待，期望自己的创造性能够不断增强，甚至连这种期望都要一步步强化。当我们对自己的期望得到了强化，我们体内的所有力量、所有细胞才能逐渐强大起来，变得更为高效，能力更强。怎样在实践中将自己强化的期望落到实处呢？关于这一点，实践当中最为有效的做法显然就是要在自己进入思考状态之后适当地扩展自己的思维广度和宽度。如此实践办法对于思考而言会产生质的提升，会让我们在思考的过程当中有质的飞跃。此外，还有一个实践行为也非常值得关注，当我们有了更多的渴望之后，就要将其融入自己每一次的思维活动中去。须知，人对于事物的追求渴望通常是没有尽头的。不同人对事物的渴望是不同的，可能由于时间、地点等具体情况的变化还会发生相应的变化，尽管如此，每个人都有着无限的渴望。不过要注意的是，不是每一项渴望都真正具有很强的建设性，因为在那无限的渴望当中有价值、有建设性的渴望总不可能太多。倘若你发现自己对某个事物或是某个目标抱着极强的渴望，而且还给自己定下了极为明确的努力方向和奋斗计划的话，那么此时你就会觉察到自己在这个计划当中的每一个思维活动，每一次的性格表现，每一项才能的发挥都会因此具备很强的建设性。可以说，正是由于有了明确的目标或是梦想刺激了自己对事物的渴望，而自己又将这份渴望融入了自己的心理行为和活动中去，只为了这个梦想的实现而努力。

21. 总而言之，在充分利用精神力量这个问题上，上述的三点缺一不可，至关重要，每一点在实践中都要彻底、全面地贯彻才能达到最为理想的效果。

总结上述的观点，大致可以把这三点简述如下：首先，集中自己思想的力量，全神贯注地思考自己的目标是什么，掌控精神力量和思想的力量；其次，自己每一次的心理活动都要变得绝对的积极，这样才能更为有效；第三，自己思维活动的创造性要不断提升，激励自己个性和自身寻求更好的发展，接近更高更大的成就，以赢得最佳的机遇。只有当这三点都完全做到的情况下，自己所拥有的力量才能真正有效地被运用。从那时起，我们就可以脚踏实地地朝着自己的既定目标坚定地前行，在前进的过程中收获着自己应有的成绩。正如上文所提到的那样，我们的思维在这一过程当中就好比是一条汇入了千百条河流且奔腾向前的大河，波涛汹涌地向着自己的目的地流动，不断在积蓄自己的能量和气势，让自己强大壮阔起来，直到最后足够汹涌澎湃。到那时，不论是什么样的困难阻碍都不会对我们构成威胁，要知道有了足够大的气势之后，我们的力量被完全调动起来，会因此无所不能，无坚不摧。

22. 除了上述提到的实践方面的三点最为有效的实践方式，这里还需要提醒大家一下，有一些误区很可能会导致这三点无法有效地得以实现，因此大家必须懂得如何去避免这些误区。首先在态度方面，不能在待人上表现出过于强硬的态度，咄咄逼人、刚愎自用都不是正确的待人态度，这也说明此时此刻自己的神经过于紧张，紧张的人才会表现得不够友好，只有有效地控制自己紧张的神经，才能缓解这种状况。要知道，处在如此紧张状态的人是很少能取得成功的，成功必须通过自我缓解紧张心情才有可能看到曙光。如果自己执着地想在这种状态下走向成功，那即便是接近了成功，那些成就也会像昙花一现，不会长久。何况处在这样紧张的状态下，人的心态很难坚强起来的，脆弱的心态只会导致失败。

23. 俗话说：“己所不欲，勿施于人。”自己不愿意做的事情不要强加于人，即便是自己想要干的，想有的思维活动也不要强加给其他人。自己要学会去独自享受自己的思维活动，在独享过程中自己会因此而变得强大、积极和更有才能，效率更高。懂得了用这种方式来实现自我发展和自我实现的人，成功自然就离他们不远了，不夸张地说，成功会不请自来。当然也不是说自己和他人之间就不可能彼此影响了，选择一种合理的方式影响他人是不会影响成功的。那么到底什么方式才算是合理的影响他人的方式呢？在无意去打扰和影响他人的前提下，为他人提供意见和建议，这就是最为合理的方式。采用这种方式和他人进行交流，他人的感觉是自己单纯只是为了给他们提供一些知识或是信息，没有打扰和刻意影响他们的意思。

24. 可是现实生活当中，很多人却不是这么做的。一旦他们发现了自己背后还潜藏着与众不同的巨大能量，于是开始认为自己有某种能力，或者可以通过某种特殊的神奇方式来影响他人，甚至影响环境。其实，他们所谓的能通过内心的力量来影响环境的想法，不过是他们自己对自己妄下的结论罢了。所以通常他们为此所做的努力结果都是徒劳，除了浪费自己的体力、精力以外，没有更有价值和意义的结果。倘若自己真的想对周围的环境和人产生一定的影响，那先要对自己所拥有的力量进行支配和掌控，从而让自己因为自如支配自身力量而变得强大起来。随着自身越来越强大，越来越自信，身边所处的环境也会随之逐步改善，这才是自身影响周边环境和人的有效方式。就这一点，中国的古人就有过这么一句名言，我们要时时刻刻相信它的真理性——“物以类聚，人以群分”。很显然，想要让自己身处的环境变得优越一些，就要从改变自己开始，首先让自己变得优秀起来，这才能使得身边的环境随之改善。同理，想要真正实现梦想，首先要做的事情就是让自己先优秀、完美起来；想要和很出色的人成为朋友，就先要让自己成为一个很出色的人，这才会吸引出色的人与自己结交；想要在工作或是生活的道路上一帆风顺，各方面的条件更为优越的话，就必须先把自己变得更为可爱一点，更受人欢迎一点。简单地说，自己想要得到什么，不是先去苛求身边的环境和人应当给予自己什么，而是先要考虑如何从自己身上挖掘出这些自己所期望得到的特质和品质，随之身边的环境或是人才能有和自己所契合的特质或是品质出现。

25. 只是，如果想要在自己所渴求的品质上提升自己的话，就要付出一定的努力，至少为了实现这个目标，自己身上所拥有的各种力量都要被调动起来，都要积极充分地运用，这样提升自己的这些品质才有了可能。所以说，无论身上的哪一种力量都不能浪费，也浪费不起，缺少了其中的哪一种都可能导致最后的失败。切记，别让那些无谓的琐事占用了自己太多的精神力量，一定不要去浪费自己太多的精神力量去思考无用的琐事，那只是一种浪费。另外，思维活动也不能混乱，必须有条不紊地进行。像生气、仇恨、恶意、嫉妒、报复、消沉、沮丧、失望、担忧、恐惧等等消极的情绪波动经常会影响人们正常的思维活动，那么在全力调动精神力量的时候，切勿让它们影响自己，要尽量去避免各种消极情绪。还要注意，与他人为敌，同他人作对也是不应该出现的行为；不能在错误的道路上越走越远，坚持谬误；更不能企图去报复身边的人。这些行为都是充分利用自身力量时都要避免的。清晰认识自身天赋和才能，让它们为自己所用，天赋和才能就有可能给自己带来最好的结果。哪怕有的时候我们发现身边的人在占自己的便宜，也要尽可能淡然处之，不必太过计较，更不要去打击报复，那样做只会浪费自己过多的精力和力量。自身的力量是要用来汇聚起来为提升自己服务的，充分地调动所有力量的人会让自己成为越来越出色的人，不管在多激烈的竞争中，他们都会胜人一筹，脱颖而出。

26. 可以肯定的是，无论是谁身边总有一些爱占小便宜的人，他们总是想着利用各种办法去占他人的小便宜。当你发现你的身边有这类人的时候，不要太过于计较这种得失，因为有了自身力量得到充分调动之后的你会在竞争中脱颖而出，此时的你早已不会因为他人占了自己小便宜而受到伤害，那些人很快就会被自己甩到可以忽略的角落里去的。必须记住的一点是，占他人小便宜或是不善待他人的人，最后受伤害最深的只会是他们自己。理由很简单，他们在占他人便宜的时候耗费了自己太多的力量，却没有将这部分力量聚集起来为提升自己而服务，可以说他们是捡了芝麻丢了西瓜。慢慢地，他们的力量一点点为此类的琐事而耗费殆尽，他们自认为自己获得了比他人多得多的好处，却不知道自己的力量在一点点削弱，失败也就会在不远的将来降临在他们身上。可是，如果你成为了善用自身力量且能充分地聚集自己力量的人，你能获得的力量就会远远超出了原本所具备的能力，而变得更加强大起来，过不了多久你就会察觉自己的能力或是力量不但变得强大，还会有意想不到的质的飞跃。在不断的自我积累的过程当中，你会为自己找到强大的能量，同那些只在占他人小便宜事情上打转的人不同，他们滥用了自己的能力，于是只有失去没有获得。到最后，你就会明白强大的自己会因此而成功，而对于那些总想占小便宜的人，只有失败在等待他们。此外最让你感到自豪的还有自己能够在众多的非议和反对声中，获得最惊人的成功，而成功的秘诀就是那让你一步步强大起来的自己。

27. 总是有人不这么想，在他们眼里自己要获得成功，前提就是要阻止他人获得成功，唯有这种方式才能行得通。殊不知，有这种想法的人实在是太可笑了，这种想法无疑就是这世间最为荒谬的想法之一。自己的成功若是能通过阻止他人获得成功而获得，那人和人之间的关系只有剑拔弩张，便没有和谐的朋友关系了。在自己能力允许的范围内想要有所成就的话，前提和他人绝无太大的直接关系，重要的还在于自身。你想获得成功，首先要知道自己的能力所及范围，其次就是要对他人的成功抱有十分积极的心态，不能用嫉妒等消极情绪来影响自己。积极对待他人的成功也会让自己受益匪浅，这么做不但能让自己培养一种面对成功的正确态度，用正确的方式理解成功的真正含义，同时也对拓展个人的视野，帮助理解他人的成功和自己的成功提供了更为全面、更为真切的方式。假设自己无论如何都想着要去阻止他人成功，只为让自己实现成功的梦想，不管出于什么考虑，这种做法都说明了自己的心态已经处在一个相当危险的境地了，对于他人所取得的成功，如果无法摆正心态去面对，那么早晚会影响到他人，更会影响到自己。反之，若是他人取得了成功，自己却能平静处之，始终保持坦荡的心态，用平和的目光去看待他人的成功，那就不至于让自己处在危险之中，也可以帮助自己慢慢积蓄力量酝酿成功，为了成功而做好准备。

28. 对于他人成功的态度，或许我们可以从很多已经获得巨大成就的成功人士那里找寻一些经验，他们获得成功的原因能在一定程度上给予我们很有益的启发。我们不妨试着问问他们，究竟是什么让他们在人生的道路上获得了如此让人瞩目的成就，又是为什么他们可以赢得众人的欣赏和敬仰，而总是有那么多的人尽管十分努力，仍旧无法接近成功，甚至惨遭失败。这些问题，对于成功人士而言兴许并非什么太过于深奥的问题，可是在现实生活当中，却有那么多的普通人总在这些问题上徘徊不定，难以找到答案，因此不少人都感到十分困扰，只因为找不到通向成功的道路。很多人在这些问题上也尝试去给出自己的答案，但这些五花八门，千奇百怪的回答当中却始终没有一个是真正正确的答案，换句话说，没有一个能够契合这些问题。其实，之所以有那么多人一直无法获得成功，原因在于他们自己，一次次的失败是因为他们思维活动的状态不够积极，处在了消极的状态当中，这种状态很容易将人们往各种误区引导，进入了误区自然就无法认识到成功的道路究竟为什么了，成功不了也在情理之中。我们倘若不能让自己的精神力量发挥出它应有的作用，朝着我们所渴望达到的那个明确的目标奋斗的话，要真正实现积极地、富有创造力地去有效地利用精神力量自然也是不可能的，那就无所谓取得成功，因为成功不会垂青不能充分发挥自我去利用精神力量的人。也就是说，思维状态不够积极，而一直为消极状态所左右的人，不但无法获得成功，更可怕的是消极的思维还会让其无法自主，在人群中随波逐流。

29. 有一点是我们要时刻记住的，我们身边的环境每时每刻都在发生变化，身边的事物也都是处在运动发展变化当中，没有什么是恒定不变的，万物总是变化无常的。这些变化并非全是对我们不利的，有些对我们来说是很有帮助的，当然还有其他一些是可能对我们有害的。在如此纷繁复杂的环境和事物当中生存，如若有一天我们无法坚持用自己的思维和行为方式去生存的话，那就可能失去成功的力量，在人群当中随波逐流了。这也就是为什么总有那么多人的生存方式看起来都如此相似，沦落于平凡之中了。为了不随波逐流，务必要提醒自己铭记并坚持自己的方式生存，否则跟在他人背后，复制他人的生活方式，只会使一生落入平庸之中，碌碌无为，看似忙碌却没有一点成就可言，至于自己的梦想也很难实现，最终只能以失败而收场。

30. 再去审视一下那些失败者们的思维和行为吧，尤其是他们的心理状态。稍微去观察和总结就会发现，失败者当中几乎所有人的心理状态都有一个共同的特点，他们所抱持的处事态度和心理状态都是消极的，对待人生，他们几乎没有找到过适合自己的目标和梦想，因此他们用最为消极的方式面对自己的人生，他们活着几乎没有规划，也不曾想过要如何去合理地利用自己的精神力量来为实现目标而服务，成日无所事事，游手好闲，漫无目的地生存，这就是他们的人生状态，注定了没有成功会降临在他们身上。因为如此，他们身上原本有的力量就会七零八落，不再是聚集在一起发挥应有的作用，他们会表现得很消沉，如此消极的状态更别提会有什么个性可言。在他们的内心世界中早已经找不到曾经积极、果敢的天性，由于消极状态的缘故，这些积极的因素已经荡然无存。他们的人生似乎从来就没有具体的实践活动，在他们看来只有命运和环境才是他们唯一能够仰仗的，事实上环境和命运并不可靠。也因为如此，当他们面对着变化的环境时，就更不可能有积极的态度了，只能随波逐流，最后导致一事无成。可是不能就这么断定这一类人天生就是一事无成的人，他们同其他人一样思维世界也有各种可能。只可惜他们自己未曾发现这一点，而是默默地让所有的可能都最终成为了不可能。问题的关键还在于他们的消极态度掩盖了原本存在的可能，当然也就没有可能成为现实，或者说成为成功的基础。

31. 还记得最初提到的关于具体实践的那三点吗？有了这三点的实践之后，他们会发觉自己的人生有了一副新面目，不再像从前那样消极，缺少希望，而是可以用更为积极的心态去面对自己的人生，开始全新的旅程，在全新的环境当中调动自己的精神力量为自己的新目标而奋斗，很显然他们的命运也会因此发生天翻地覆的改变。消极的态度是很可怕的，消极的处事态度带来的永远都是停滞不前的思维，如死水一般的思维活动绝对不会给自己带来有利的帮助，更不会把那些有助于自己成功的人和事吸引过来，剩下孤孤单单的自己终将无法成功。消极所带来的随波逐流，让自己看不到未来的方向，看到的只有那些和自己一样随波逐流的人们。可是一旦你下定决心要改变现状，开始新的人生旅程的时候，积极的心态就会取代消极心态，从那时开始，身边再不是从前那些随波逐流的人们，而是更为积极，更能够帮助自己通往成功的人们，身边的环境看起来也不再是那么无法掌控，而是变得五彩缤纷，似乎每一个部分都是自己走向成功的最好助手。

32. 曾有这么一句话："上帝总是会帮助那些能够自救的人呢！"这句话很明确地解释了上面我们所说的那些话，也清晰地表达了这个观点的理由。人只要学会了自救，并且开始着手努力自救，那就必然会充分地利用自己所有的力量，自己也因此变得更为强大，对于周边环境的掌控能力也就越发自信，那么就可以这么说，身边的环境在逐渐地朝着对自己越来越有利的方向发展。富有创新能力的我们和有着很强创造力的环境彼此之间存在着一种吸引力，它们之间就好像是事先有了默契一般，积极的力量相互会强烈地吸引。

实际上，在现实生活当中，很多积极的力量之间都是彼此吸引的，比如有了成长的思维活动总是能吸引到那些促使自我发展的力量为自身服务。同样的道理，我们身边的环境之所以看起来那样积极，就是因为我们自身有着坚定发展的积极态度，才把最为积极的环境吸引到身边来。两者互相吸引更有利于挖掘自身的潜力，促进自我发展。关于吸引的法则，不管是外部世界还是人们的内心世界都是适用的，也就是说，积极的心理状态和处事态度，吸引的不仅仅只是外部的周边世界还有可能是人们内心的世界。

33. 作为一个有着积极态度的人，如果开始坚定了自己的奋斗目标，并且已经积极地动起来，着手去利用自身力量为此而努力的时候，事实上我们就会意识到自己的行为状态也已经处在积极当中了，潜在的力量都会被唤醒，为自己所利用，而且用最为合适的方式注入自己的行为中去，让自己的行为变得更为有效。持续地用这种积极的方式去利用自己的力量，为自己的行为注入有效积极的能量，长此以往，我们内心的世界就会随之聚集起一股强大的、高效的力量，这是从前所没有过的，也是叫自己感到无比震惊的一件事情。也因此在精神上，我们就会长成一个巨人，拥有强大精神力量的巨人，可以充分利用自身力量的巨人。这个时候，我们自己已经是非常有能力的人，不再需要像从前一般去寻求适合自己发展的机遇，很多极佳的机遇就可以像雪片一样飞到自己身上，可以不夸张地说，机遇会不请自来。这些机遇在很多人眼里是那样的珍贵且难得，可是对我们自己来说却总是那样的丰富，它们当中有一些是可以让自己在物质方面获得成功的，还有一部分是可以让自己在能力和才干方面获得惊人的积累的，总之不管是哪一种机遇，它们的出现对我们而言都是珍贵的机会。再来说说这条法则，鉴于它的作用，我们大可将其称为“一事成则事事成”或是“马太效应”。简单地说，我们不是从一开始就要想着去占有什么东西，只是在精神财富方面，我们要明白从最初就要开始积累，一直到拥有丰富的精神财富。换句话来说，潜力的支配是要从自己开始的，首先要支配和唤醒自身的能力，然后才能运用，朝着某个自己想要达到的目标而付出努力，运用自身的潜力。

34. 能够自如掌控自己思维活动的人本身就算得上是思想上的巨人了，他们所拥有的精神财富是惊人的，如果用物质财富的衡量方法来衡量的话，他们足以称得上是精神财富的富人们。这些精神财富富人榜上的成功人士，说他们成功了绝不为过，若是他们也能坚持下去的话，物质世界上的成功对他们来说也就是早晚的事情。如果这么说的话，精神财富的富足在一定程度上就会带来物质上的成功，这一个观点至少是成立的，甚至还可以说是永恒的真理，因为不论是在世界上的哪个角落，我们都可以找到适用这一法则的人。

35. 所以说，大多数失败的人，究其本质原因的话还是和他们自身有关。很重要的一点是他们对于自身的力量和才能认识还不够充分，更别提去创造性地运用这些力量了。同样的道理，如果他们只是认识到自己的一部分力量和能力，恰当地利用了这一部分的话，那么他们所获得的成功也就只会是一星半点，不会全部成功。因此，成功与自己对自身力量和能力的认识及利用有非常大的关系。要真正理解自己的能力和力量，创造性地使用这些力量来获得成功，任何一个人都要从上述的三点出发去实践，彻底充分地执行了成功就会如约而至。纵观成功人士的经验，无一例外地都是严格依照这三点原则去创新性地开发自身的能力和力量，包括潜能在内均被发掘。一般来说，这么做了的人，成功都会降临，几乎没有可能会不成功。可以这么说，成功最愿意垂青的就是此类人，他们开发了自身的所有能力，创造性地发挥了自己的潜能，他们总是在用这种方式一步步接近成功。

36. 有的时候，我们会发现生活当中有那样一群人，尽管其中的大部分都那么平凡不起眼，甚至有很多时候他们还被大家视为是资质最为平庸，没有多少天赋和才能的人，可是最终获得成功和成绩的人却是他们，有时还有可能有着其他天资更好的人无法企及的辉煌成就。当然，也有这样一群人，他们总是才华横溢，有着其他人难以企望的智慧和能量，他们也非常努力工作，但总感觉在工作上、生活上事事不如意，或者说无论做什么都感觉差一点点就要成功，可总是没有成功。如果我们是第一次发现这两类人的话，心里总难免会有些疑问，感觉有点蹊跷，总觉得这事情有点不能理解，于是我们百思不得其解，直到我们用上述的三个原则对照所有成功和失败的过程之后，结果就显而易见了，这个问题也就一下迎刃而解了，各种理由也呼之欲出。我们所说的那些资质很是一般，甚至非常平庸的人，他们巧妙地调动了自身的所有能力和天赋，即便天赋不是那么出众，由于他们能遵循上述的三点原则，不管是精神力量还是其他的能力都在他们积极的态度下得到合理的运用和发挥，这样的人赢得最终的成功也就无可厚非了。他们的能力越强，所收获的成功就越大。在这一点上，能力和成功两者之间是成正比对应的。古话说：“笨鸟先飞。”其实很多时候，天资并非一个人成功的关键，关键在于天资有没有得到很好的利用。相比之下，天资很好的人，固然有非常强的能力，但缺少了那三点原则的实践，即便再强的能力在成功面前也是无用的。

才华和天赋与成功之间总有个前提横亘着，那便是那三条原则，没有了它们不管是谁，失败都在情理之中。

37. 对精神力量以及所有天赋能力的运用必须做到积极且具有创造性的利用，这样在实现目标的道路上才可能是行之有效的。成功和进步都和自身能力的应用有很大的关系。若是我们想更进一步地充分挖掘自身的潜力的话，思维活动的深入是很重要的，必须从思维深入的角度出发发现和挖掘潜在的力量。精神力量的利用是很重要的，恰当地运用它成为了个人成功的一种基本保证。除此以外，还要在利用它这个问题上好好地学习，在挖掘出潜力之后学会充分地发挥它的作用，这里所说的充分利用它的作用主要指的是思维活动的充分利用，当然也包括内心世界，还有力量的核心，一般的心理活动和力量也在考虑范围之内。所以在深入思维活动和了解它的所有内容时，不但要了解意识，无意识也是很重要的理解内容，两者都十分重要，不可偏废。

第四章 \ 发掘内心的潜意识

潜意识这个词大家并不陌生，它存在于每个人的精神领域当中，它几乎代表了我们每个人内心最为深层的力量，如何合理科学地运用潜意识的力量无疑决定了我们如何运用内心的力量。潜意识本身蕴含了巨大的能量，需要我们合理引导才能发挥其作用。

1. 来说说人类内心的力量。我们在思考、希望和渴望的时候，其实都需要运用到内心的力量，而在进行这些活动的时候，思考、渴望得越是强烈深刻，内心力量的运用效果就越上佳，可以说二者之间是一种正关联的关系。概括来说，我们的一切精神行为如果想要获得强大的力量，并且在行动中效率提升的话，就必须细细思考一下内心力量的作用，尤其是潜意识，缺少了潜意识的作用，精神行为就会失去应有的效率以及本身该有的力量。换句话来说，也就是要把精神行为在潜意识的领域当中，先把它们划归到已经完成的事情领域当中去，让它也在潜在的精神领域当中留下发生的痕迹。通常情况下，处在心灵表层的那些精神行为常常处在变化当中，外界环境发生变化，这些行为也难免会受到一定的影响，可能会和自己最初的想法发生偏离，改变了原有的方向和行为路线。但如果这些精神行为已经被划归在潜意识领域当中，或者直接发生在潜意识领域里，则不会出现这种问题。那些行为会一直保持原本的初衷，沿着最初设定的方向继续下去，外界环境的变化对它们的影响很小。观察潜意识当中的精神行为就不难发现，行为总是会处在一个相对稳定的轨迹当中，持续到最终结束为止。外部环境不论发生什么样的变化，或大或小，对于它们而言影响几乎都可以忽略不计。只不过它们也不是永远都不会发生变化，只在一种情况下，当所有潜意识领域中的行为趋势处在完全被动的地位上时，这些行为也会发生改变。

2. 关于这一点不得不引起我们的注意，对于始终能够持续到结束时的潜意识中的精神行为，它能够发生变化的时候最值得注意，而且它也变得相当重要。毕竟我们中的任何一个人都不会允许那些谁都不愿意鼓励和升华的事物在潜意识领域当中采取行动的做法，同样的，我们很希望能够鼓励和升华的事物，我们总希望它们能在潜意识领域当中采取行动，只有这样做才能保证它们的稳定性和有效性。通常这些个行动在潜意识领域中进行，难以避免地都和意识流有关系，而所谓的意识流要起到我们所希望的那方面的作用，首先就要通过潜意识来发挥，同时也在潜意识的控制之下进行。所以在精神力量上，如果我们想要发挥全部的作用，且由此能产生如我们所希望的那样最好的结果的话，那就必须去理解和运用潜意识的力量，因为有了潜意识的力量，这才能保证我们所希望的行为可以通过潜意识流在潜意识领域里采取行动。

3. 这么说的话，又有一个新的概念需要我们重新定义了，那便是潜意识心灵。究竟什么是潜意识心灵呢？我们如果要准确的定义潜意识心灵，第一步要明确的就是潜意识心灵和普通意义上的心灵之间存在着很大的内涵上的区别，它绝不是平常我们所说的心灵，更不会是一个单独的心灵。但是实际情况是每个人都只有一个心灵，如果潜意识心灵和普通意义上的心灵有所区别的话，那么难道我们的心灵要一分为二吗？答案当然是否定的，强调潜意识心灵并非是要将它与普通意义上的心灵二者分开。而是要让我们认识到，尽管我们只有一个心灵，但是它从内涵上解释，可以分为两个方面的内涵，即意识和潜意识。从这个角度分析的话，意识就可以被视为我们通常说的心灵的含义，它可以被定义为精神的表层，相较之下，潜意识则是精神的底层，与意识之间彼此呼应。此外，如果要准确地说明潜意识的话，它还可以被定位为渗入了客观人格当中的一个相当广阔的领域，因此在这个领域中还需要每个人用自己微量的个性一点点去填充，不断丰富这个领域。这就是潜意识的所有内涵，也是我们要解释的潜意识心灵的真正含义。

4. 当今世界，科学界的研究成果日新月异，科学的进步让很多从前并未为人所知的事物都呈现在了我们面前。似乎我们和这个世界的所有事物之间原本隔着的那层面纱在一步步被揭开，真相和我们之间的距离也在不断地缩短。只不过这一切似乎都没有改变一个现实，那就是潜意识对我们来说没有做出具体的认同或是不认同。潜意识所具备的独特能量、功能和可能性，还有它作为一个融合了生命、力量和能量的巨大精神海洋，这一切的一切尽管我们一直在强调其能量的巨大和强大，却没有人能真正说明这种巨大究竟有多大，简单说，我们当中没有人去具体衡量过这份力量。刚才提到过，意识是心灵表层的，精神行为首先要和表层的意识发生关系，它们会通过表层的思想、意志和愿望来表达自己行动的目的和真正含义，而我们也正是透过意识行动来理解一切。只不过随着精神活动的逐步深入，我们也会跟着进入更为深层的精神活动当中。走进了这一基本精神生活的深处之后，我们逐步开始探究它们的意义，于是这时我们就接触到了潜意识，从意识的表层进入了潜意识的深层。不过有一点我们不能忘记，不论用什么样的方式，当我们已经意识到自己接触到了潜意识的时候，这是至关重要的一个时刻，毕竟意识和潜意识之间是密不可分的，它们二者本身就构成了一个很紧密的整体。

5. 心灵被剖析为意识面和潜意识面两个方面，这两个方面有机地统一在心灵当中，基本上可以说它们两者是彼此区别，但又彼此相关且统一的。打个比方，如果说意识就好像是一块海绵，那么潜意识就好比是吸了水的海绵，这个比方很是形象生动，充分地说明了心灵的意识层面和潜意识层面二者之间的关系。在我们看来，海绵吸了水以后，海绵当中的每一条细小的纤维都和水发生了关系，这才会吸饱水，这是海绵吸水的原理。人的潜意识层面既然可以比喻成吸了水的海绵，那么意识层面中人格的每个细小神经就仿佛是海绵中的细小纤维，每一个部分都和水有关联，也就是说意识层面中的每个部分都在和潜意识层面的细小部分发生关联，这样才统一成了一个有机的整体。这个整体当中的意识因为生命的积累，总在逐渐地为潜意识力量所注入，不断地变得强大，这就是海绵和水的关系，同时也是意识和潜意识之间的关系。

6. 潜意识这个词日常生活当中我们并不陌生，而且我们经常听到人们说，潜意识所占据的是空间的第四个维度，说明它确确实实在人类的行为和心灵当中存在着，只不过由于是处在第四维度的事物，因此无法像普通的事物那样可以被准确地展示出来，这也是为何有些人还不愿意相信其存在的原因所在。不过，对我们来说，潜意识占据了第四维度这件事情是值得我们深究的。随着我们对潜意识性质研究的深入，越来越多的潜意识特质被挖掘出来，我们就会坚定地相信这么一个事实，也就是上面我们提到过的海绵和吸水海绵的关系。应该说，这种深入的探索是一种很有哲学探索意义的事情，会让对哲学抱有很高兴趣的人感到趣味十足。实际上，就现实的价值而言，潜意识究竟占据的是哪个维度，是否是人们所熟知的第四维度，或者是还有其他不同的答案，关于这一点的实际价值却不是很大，相比于它的哲学研究价值，几乎可以忽略不计。

7. 潜意识的理解是必须的，但是真正要理解潜意识却是一件需要认真对待的事情。潜意识理解的第一步是要对自己的自然功能有充分的了解，熟悉了自己的自然功能，才能确保理解潜意识。有了自我了解之后，我们也可以对自己能够处理的心理行为的范围有了清晰的认识，对于那些超出范围的非正常心理行为，我们也确信自己无法处理，这一事实的认定通过这种方式得以确认。

8. 人的潜意识通常和身体的很多行为都有关系，它作为一种思维活动直接控制了人们自然功能中的所有身体行为，其中包含了循环、呼吸、消化、吸收、物理修复等等。这些身体行为大多都是自然的，我们每个人的自然功能内还有许多自发的身体行为，那些行为因为和意念没有太大关联，甚至不用意念来为其导航，所以被称之为自发的身体行为，这些行为包括了自然的心灵和身体的动作，它们也会受到潜意识的控制，和自然的身体行为一样。

因此总结潜意识的特点，就会发现潜意识长期的特点、特性和质量都是人类所特有的，它不分种族、阶层、民族，只要是活动的生命体都会有潜意识存在，而且直接掌控着每一项身体行为和身体行为的每个部分，不论自发还是自觉。

9. 众所周知，人的身体行为有演变成习惯的可能，一个心灵或是身体行为在经过无数次的重复之后就会形成身体的某种习惯，而这种习惯如果用另一种方式来表述的话，那就可以称之为第二本性，也就是人们在行事当中会不自觉地利用这种本性来对待自己所面临的事情。就这个层面而言的话，与其称它为本性，不如将其描述为潜意识控制下的行为更为贴切，它可以被称为潜意识行为。试想一下，任何人的习惯动作，实际上在很大程度上都和自己的意念无关，总是在一种潜意识的支配下所产生，那么将习惯称为潜意识行为显然没有错误。这种情况在我们身上经常发生，我们的习惯也因此逐渐形成。可是还有一种特别的情况，有些行为我们并非刻意地无数次重复，但也会慢慢成为我们的习惯，或者说是潜意识行为，有时候甚至可以立刻就成为那些被我们称之为第二本性的行为。

10. 我们去细细审视潜意识的本质的时候，常常会有这么一个发现，潜意识和意识之间的关系让我们感到很有兴趣。一般来说，我们的意识当中包含了不少自我期望的事物，而潜意识也在或多或少地用直接或间接的方式回应这些期望。即便是意识有时候还会对我们自身所提出的期望做出确认，这份确认是为了保证我们所提出的期望安全与否，就是在这种条件下，意识也会先在潜意识的基础之上就表达自己的愿望。可见潜意识和意识彼此之间的互动是非常频繁的。对于意识来说，潜意识是很虔诚地伴其左右的，就好比是个非常听话的仆人，始终在身边听由主人的安排，只要是意识上所表达的意愿，在潜意识的基础上都能找到它们的痕迹，所以可以不夸张地说，在精神领域我们基本上是找不到任何一件由意识提出的期望和意愿，换一种说法，在精神的潜意识领域的每一件事情都不会是意识不愿意做的，或是没提出过的，一定是意识提出的意愿才会在潜意识领域体现出来。当然这些意愿并不按照对我们有利与否加以区分，它只和愿意不愿意有关。

11. 在这个方面，最让我们感觉到趣味盎然的是一些事实上在过去一直被视为是潜意识所产生的结果，如今在人类系统中重新审视时却会被视为自然和必然，这其实是过去的一种误导。人类有着自己的弱点，这种弱点是天生的，而且是必然存在的，这是我们经常提到的观点。事实上，关于人类的弱点固然普遍存在，但是它绝不是天生就存在的，这一点和我们常常听到的固有观念有很大出入。人之所以有弱点存在，就是因为潜意识的训练结果并非每一项都如意，有些能如人们所愿，但也有一部分令人不满意的结果时时出现，这是不可避免的。相对而言，人的本性是没有错的，它也绝对不会有错，因为本性从一开始就注定是对的，这个道理解释起来很简单。正确的行为总是和自然法则相和谐的，那些违背了自然法则的行为也因此可以判定为是错误的，这就是判定行为对与错的基本准则。与此同时，还有一个令人误解的观点存在，这个观点认为人类的老龄化进程都是自然的，这个观点已经为现代科学的发展证实为谬误，事实上，当下人类寿命在不断延长，人即便是到了六十、七十、八十也未必是自然进入老龄化进程，所以可以说人类老龄化进程并非是自然化的。

12. 这个事实不是直到今天才被证实，其实在比现在更早的时期，在普通人身上就已经有类似的情况出现，已经可以说明老龄化的非自然化进程。但是，在大多数人的眼中，即便是经历了好几代人，人们还是认为到了六十、七十、八十的年龄就顺其自然是老年的概念。产生这种固有观念的原因就在于潜意识的作用，是潜意识让人们即便是经历了几代人的传承，仍存在这种观念，而且始终未变。事实上在日常生活当中，人们进入老年的概念并非总是一成不变，一概而论的，而是要依照具体事实来判定，不是单纯地认定只要是六十、七十、八十的人就进入了老龄化。一切均由于潜意识的习惯性思维，它总是在人们不知不觉的情况下依照它最为熟悉、最为习惯，且经过多次训练的方式来行事和思考问题。

13. 从现实的情况来看，这个世界上有很多已经到了九十岁的人，仍旧是年富力强，无论是体力还是精神力都不输给比他更年轻的人，他们总是通过一些相对简易的方式来表明自己的体力和精神力一直处在某种高度，甚至有的时候还更强于那些三十、四十岁的壮年人，这也让我们因此感觉到很是诧异，对原本的观念产生怀疑。可见，年龄和老龄化之间的关系绝非是自然的，不能仅凭着年龄就让潜意识用训练好的方式去判定人类是否进入老龄化。这就好比是已经过了百岁的人，只要通过适当的锻炼和训练，同样可以与二十岁的年轻男孩、女孩们有着一样健康的身体和强健的体魄。

14. 真正的事实是，潜意识在人类的心灵、性格、人格等方面都有一定的影响，我们每个人的心灵、性格和人格都会对周围的事物发生具体的条件反射，而这种反射都和潜意识有关，不管是过去还是现在，或者是曾经过去的好几代人身上，都是因为潜意识有所针对才在心灵、性格和人格方面发生了相应的结果。之所以这么说，是因为有切实的证据可以证明这一点。潜意识既然能够针对人类的心灵、性格和人格发出条件反射，而且此类反射常常会因为不同人、不同条件而各异，但是不论是哪一种反射，它和人类的发展之间总是处在非常和谐的状态之中，从来没有过不和谐的场景出现。而且它不仅仅是发生在某一个人的身上，而是在很多人身上都存在的，长此以往，这些由潜意识产生的条件反射就会融入一个种族当中，经过无数代人的传承，就深深地扎根在种族的心灵、性格和个性当中，成为一种长期的存在。这也解释了在这个世界上，一个新的种族，一个更为高级的种族能够产生、存在并逐步发展的原因了。

15. 子女和父母间的遗传关系是非常常见的一种关系。子女会从父母那里遗传到很多东西，这种遗传关系有时候也会让人感觉到困扰。仔细去观察，我们的身边就有很多人因为在性格、体质方面遗传了自己父母的某种特质而感到困扰不已，因为遗传是无法改变的，尤其是在性格和身体情况方面，哪怕遗传的是某种弱点或是劣势也是谁都无法彻底改变的。不过有一部分的遗传却是可以通过自我的力量去实现改变的，那就是潜意识倾向。通常情况下，最初的我们都会从父母那里获得关于潜意识的遗传，随后这些潜意识倾向的遗传在个人的力量下就会发生内容上的改变，以至于很多人到最后已经不再表现出从父母那遗传来的潜意识倾向，因此潜意识倾向已经在后天做出了较大的改变，而且这种改变是绝对有可能实现的。如果潜意识倾向被改变了，那么父母遗传给我们的东西就很可能会被完全抹掉，那么其他人就难以从中判定曾经有过什么样的潜意识倾向在我们的思维当中存在过。举个例子来说，我们的某一些举止，最初的情况一定是孩子的举止和父母的举止很是相似，只因为父母的举止行为习惯会遗传给孩子，但是时间一长，孩子的举止行为在外界的一些好的品质的影响下逐步提高，开始有了质的变化，那么再回头去审视孩子和父母之间的举止行为关系，就不再是从前那样简单的遗传相似，而是因为某种关系的缘故，在任何一种情况下，他们之间的相似都已经消失，甚至是完全消失。

16. 潜意识对我们产生的影响就在于它总是主动行事，在准备好的基础上，对我们自身在意识层面所提出的渴望或是希望达到的目标上，为我们的身体和精神做出一系列最佳的改变。它的工作方式尽管看起来并非是奇迹般的改变方式，要实现最终我们所期望的成功潜意识也做不到总是瞬间达成所愿，但这就是潜意识的工作方式，它是慢性的，大多数时间内它都用最为潜移默化的形式慢慢地去为我们做着改变。因此可以说它总在用一种渐进的方式促使身体和精神的改变。既然说它们的工作方式不是瞬间成效，而是渐进的，那么只要在合理合适的训练之下，结果迟早都会出现，我们只需要去耐心地等待就好，就会从中发现自己的身体和精神都发生了最好的改变。上文提到过，潜意识和意识之间是彼此依存、彼此影响的有机统一体，一般来说潜意识会对意识所提出的愿望产生指示回应，只不过这种回应有一个很必要的前提，那就是对于自然存在的绝对法则不产生干预，这种情况下，潜意识就会实现意识提出的渴望。须知，潜意识的任何工作都不会以违背绝对的自然法则为前提，这一点是绝对的，它不但不会违反自然法则，更会调动自己足够的力量去利用自然法则实现自己的工作进程，充分地去保证改进我们身体和精神工作的完成。

17. 试着举个例子来说明一下潜意识实现目标的渐进方式吧。假设某一个时期，你最强烈的渴望就是希望自己能够拥有一副强健的体魄，而且这种渴望在你自己心里持续了很长一段时间，是全心全意地希望潜意识通过自身的作用可以为自己实现这个目标。有了这个愿望和渴求之后，你就会发现潜意识在之后的很长一段时间内慢慢地朝着这个方向发挥着它的作用，它总是很细致地一步步在进行。

18. 潜意识当中，事物的增长趋势往往都存在着必然性。我们可以发现，一旦把某一种印象或是欲望植入潜意识当中时，它们就会随之一点点变大，可以这么说，潜意识当中那些坏的东西会被放大成更糟糕的，同样的，好的东西也会也逐渐放大成更为优秀的。不过，那些坏的东西我们是有能力将其排除在外的，因为我们需要将那些好的东西推进更大的领域当中去。

19. 既然潜意识有放大的作用，那么只要我们感觉累，且这种累已经进入了潜意识当中时，就会很快感觉到累被放大，几乎每个人都会感受到疲倦无比。再比如，我们如果感觉自己生病了，且这份感觉沉入了潜意识当中，很快我们就会感觉到自己的状况更加糟糕了。说到这里，我们就已经明白，不论是虚弱、伤心、失望、沮丧中的哪种感受，只要沉入潜意识都会让我们感觉更糟。反之，正面的情绪和感受，譬如开心、强壮、不懈、坚定等等，当它们也沉入潜意识的时候，我们也会感觉到它们在逐渐放大，我们的感觉会越来越好。所以，在潜意识当中适时阻止负面感受的进入是十分必要的。

倘若每一个情绪或是感受都毫无阻拦地让它进入潜意识的话，一旦这种感受是负面的，那么我们所感受到的就会更糟。因此那些不可取的感受被排除在潜意识之外的话，我们就可以抵挡那些负面的感受了。

20. 当疾病来临的时候，我们绝不能妥协让步，既然感觉身体不舒服，我们就不要强求自己还要和正常的时候一般努力工作，也不要勉强自己的身体要和平常一样活动。只要我们感觉有休息的需要，就可以让自己缓一缓，彻底放松一下，这就是不在疾病面前妥协让步的表现。身体彻底放松能让自己暂时停下来休养生息一段时间，经过休息疾病也会渐渐痊愈，身体的不适也会因此消失。我们自己感觉疲劳或是情绪不高时，不要总是让自己沉浸其中，换个角度转移自己的注意力，让自己去关注一些能让自己兴奋的有趣的事情，无疑我们的情绪和感受也会因此转向愉悦、渴求或是理想的事情。无论在什么样的情况下，我们都要排除负面的感受，让自己愿意感受的正面健康的情绪进入潜意识。只有这么做，才能让这些有益健康的情绪在潜意识中不断生长，长此以往，我们的身体和精神就会精力充沛，也不至于让什么不利的负面情绪侵蚀自己的潜意识。

21. 要知道，潜意识对于疾病的力量是非常强大的，甚至是惊人的。古往今来的很多例子都说明，疾病来临时，潜意识的力量可以是生存，可以是死亡，两种力量几乎是平衡的，至于能够发挥哪一方面的力量，病人的态度起到了决定性的作用。病人更愿意把自己的心灵和意愿转向生存一面时，生存的力量就战胜了死亡，潜意识就能发挥强大的生存作用；反之，心灵和意愿若是交付给了死亡的话，那死亡的力量就会压倒生存的欲望。所以说，只要人们还坚守着生的信念，拒绝让死亡的念头进入潜意识，那么心灵、思想和意愿的力量都会归顺生存的力量，生命的强大就会因此展现出来，从而有更充足的力量去战胜死亡。此时我们需要再次提出这么一个问题，在这种生存和死亡两者争夺的时期，到底有多少人能够应用潜意识中生存的力量去战胜死亡呢？不过很显然，有个事实始终存在，大多数人在面对疾病时，都可以通过生存的欲望来战胜死亡，尤其是在认识到潜意识的巨大力量之后，几乎所有的人都会承认它那巨大的作用。

22. 所以，这种方法显然应该引起人们的注意，尤其是身处病房中的人们更应该关注它。没有谁都注定只能选择死，尽管所有能够维持生存的方法都已经用尽，还有这最后一个办法，它包含着巨大的能量，几乎超出了绝大多数人的想象。关于它的秘密，我们通过潜意识的放大作用这一事实发现了，一旦我们在某种条件反射或是行动面前让步的话，这种条件反射就会增强。潜意识本身没有巨大的能量，它取决于受到了哪种条件反射或是情绪趋势，但不论是哪一种，它就会放大这种趋势。在死亡面前屈服，潜意识就会增强死亡的力量，相反如果相信生的力量，潜意识就能放大自己对生命的渴求，增强生命的力量，让自己有活下去的欲望。

23. 潜意识的方向需要我们每个人去引导，引导并不难，我们只需要明白一点，那就是认识到自己的渴望，懂得自己需要的是什么，随后让这种想法进入潜意识，使之更为坚定且能够持续下去，成为最为积极的力量。当我们自己明确需要某一样东西的时候，就要积极地让这份渴求介入。同样的，当我们有了某种雄心壮志之后，我们就应当服从自己的志向以及那些自己同样需要实现的梦想，让它们积极地介入潜意识当中。在这种介入之下，我们的思想体系被一点点加入正面的渴求和愿望，于是我们的潜意识也会开始在我们的引导下，着手去放大、增强这些渴求和愿望的表达和发展。

24. 在潜意识的运用过程中，我们需要牢记的一点是，我们现在正在用的东西并非是一种和一般生活无关的事物，而是和日常生活息息相关的。潜意识能否得以科学引导和利用在具体的个体身上表现为内心开发程度的区别，不懂得利用潜意识作用的人通常只开发了内心的一小部分，而懂得如何引导潜意识的人则开发了内心的所有领域。正是因为如此，那些充分利用了潜意识的人在工作上往往表现出了更强的能力，更为持久的耐力以及更加巨大的工作潜力。他们常常能一个人完成普通两三个人的工作量，而且完成的结果并不逊色于其他人。所以我们就把为了实现现实用途而进行的潜意识训练视为常识问题。如果我们已经可以对整个思想体系和精神领域进行训练的时候，那么仅仅对一小部分精神领域的训练自然也就不为我们所接受。

第五章 \ 实现成功从训练潜意识起步

潜意识拥有无穷无尽的力量，包含着巨大的能量，它是我们走向成功目标的基本保证。坚持每天去训练和暗示自己的潜意识思维，才能确保它不至于陷入混乱的局面，能够朝着我们所期许的方向努力。因此，持之以恒有目的地训练潜意识思维，把我们的愿望融入潜意识中，才能加深我们的感受，达成所愿。

1. 训练潜意识思维首先要有目的，其次就是必须持之以恒，除此以外，还有许多法则需要在训练过程中提醒我们自己遵守。在我们的精神领域当中，只要意识和潜意识二者在某种程度上达成了共识，那么诸如印象、建议、欲望和期望等等皆由潜意识支配，甚至我们的思维方向也由潜意识来指引。思维通常被分为两种形态，即意识形态和潜意识形态，两者之间若是达成了一致，那么我们思维的具体方向就会因此被确定下来，这就是我们上面所说的关于潜意识和思维之间的奥秘。那么如何让意识思维形态和潜意识思维形态二者能够达成一致，我们第一步要考虑的就是如何让我们有意识的思维进入内心世界当中，也就是说，让内心世界接受我们的有意识思维。一旦二者形成共鸣，那么我们就会感觉自己的生活已经超越了我们所生存的地球，而是进入了更为广阔的宇宙空间中去了。当然尽管如此，我们仍旧需要保持十分清醒的头脑，冷静地看待一切事物，同时还要意识到自己自身最为完美的一面已然被挖掘出来了，而且这一次不仅仅只是停留在表面，而是更深层次的发掘。

2. 举个例子来说明一下，如果我们想将希望自己身体健康的意识渴望融入内心潜意识思维形态中去，那首先就要在意识思维形态的范畴当中，对自己所期望达到身体健康的目标有一个清晰明确且具体的概念。第二步就要睁开内心的眼睛去审视这个清晰的概念，并认清这个概念的全部。接下来就是进入潜意识的思维领域了，我们必须尽自己所能用潜意识去体会这个概念的具体内涵，其中的深刻含义也要仔细领会，这才能让其真正进入我们思想中的那片宁静且神圣的心灵世界中去。从此我们就可以通过心灵的传输获知关于自身健康的完整精神内涵，因为它早已通过潜意识进入了内心世界以及身体的每一个细胞中去了。

3. 简言之，我们自己关于健康的愿望化作一个清晰具体的概念，随之通过潜意识思维的作用，将自己脑海里的那个完整的健康概念，输送到我们全身的每一个细胞中去。当疾病再次侵袭我们的身体的时候，我们就可以通过这个办法来对抗疾病，在疾病的萌芽时期就可以完全根除它对我们的侵害。可想而知，潜意识思维当中已经有了我们对身体健康的正面期望，那么正如上一章所提到的那样，健康的力量会在潜意识的作用下放大增强，迅速自内而外地散发出来。假如没有这么做的话，那么哪怕是一场小小的病痛或者仅仅是一点点的身体紊乱都会导致一场不可挽回的生命浩劫。

4. 一定要时刻牢记这一点，只要是融入了潜意识思维当中的有意识思维，那么在潜意识世界当中就会很快得到呈现，这就是我们常常说到的个性。我们希望自己身体健康，疾病尽快痊愈，这样的思维方向进入潜意识思维领域后，巨大的潜意识能量被唤醒，它们通过自己的方式来呈现我们的有意识愿望，让我们的身体秩序得以重组，朝着更为健康、更为和谐完美的方向发展。

5. 假使我们的身体情况尚未恢复，或始终不见好转，那说明我们必须更大程度地去挖掘潜意识的力量，花费更多的努力才能见效。绝不能因此就气馁，我们必须明白的一件事情是，潜意识的引导是需要持之以恒、持续不断的，通过持续地引导潜意识思维，才能最终达成所愿，改变或是改善现有的状况。

6. 潜意识的力量是巨大的，我们甚至不知道它全部发挥能产生多大的能量，但我们知道通过它的力量可以改善现有生理和心理不好的状态，同时潜意识还能协助我们改善发展既有的良好条件，同时创造当前还不具备的条件，一切只为了实现我们的理想和目标。为了能够达成所愿，我们也必须约束自己遵守两条规则：一是了解自己内心真正渴求获得的东西是什么；二是要在脑海里清晰且具体地认识到自己所追求的这些事物。

7. 我们对自己内心所渴求的事物有了充分的认识之后，不论是生理还是心理就会有具体的理想追求。从这时起，我们就需要引导自身的潜意识思维来实现这一理想，只是在这一过程中还需要不断地提高它的水平。毕竟我们全力以赴去完成工作的时候，潜意识也会随之自然地达到自己的最佳状态，并在这种状态之下工作。假如我们希望保持身体健康，那么就应该首先在潜意识中增强对身体健康的重视程度。假如我们希望获得更多的力量，那么就应该首先在潜意识中去追求获得越来越多的力量，而不仅仅是一小部分而已。仅就这个角度而言，要引导潜意识发挥作用，我们从一开始就要有目的地去努力才行。

8. 潜意识思维在我们努力且有目的的合理训练之下，会更快地发挥其效用，会更快地让我们达成愿望，看到努力之后实现梦想的那一刻。可是我们也要知道，凡事都不可能事事如愿，失意和挫折谁都会遇到，如果遇到也不要灰心丧气，要学会坦然处之。如果我们的理想是要在现有的基础之上有更大的进步的话，那就要告诉自己，每一步踏踏实实取得的小小成绩都应该被珍惜，只有这样才会有更大的进步，积累一点一点的成功才能最终抵达胜利的彼岸，实现远大的目标。所以当我们发现自己身上有一些我们不喜欢的个性的时候，也不要刻意去修正它们。

9. 潜意识思维对我们所思考的内容都会有非常深入的研究，这种研究和思考内容的广度、深度如何无关，和思考的内容为何无关。很显然，如果我们始终对自己曾经的失败、失误或是自身存在的缺点耿耿于怀的话，那么潜意识思维也会开始深入研究这些内容，还会运用自己的力量去加深这些负面的印象，很快我们就会发现，比起从前来说，这些失误、失败的经历对自己的影响似乎更深了。因此，每个人个性中都存在着很多需要改善的部分，我们需要做的不是去思考自己不足的部分，而是要在脑海里想象改善后完美的个性，去渴求达到那样的目标，这样就会让自己忘掉自己的不足和缺点，也就能从根本上戒掉某些不好的习惯，从而变得优秀起来。潜意识思维将优秀的一面充分发展之后，不足和缺陷自然而然就会消失了。正如我们为自己构筑起善的堡垒时，恶的一面就会随之被消除，善就会占据我们的内心世界和精神领域。

10. 有一个不容置疑的事实，那就是一个人的才干和能力是可以通过潜意识来提高的。潜意识思维只要被开启，人的精神力量以及工作能力都会随之得到一定程度的提升，通常这种情况下，这种人在人们看来就好像是获得了超能力，一下子工作能力得到了巨大提升。很多时候，我们看到不少功成名就的人被人们说成是由于自身潜力被开发而获得了成功，而这种潜力已经超越了自身的局限，这就是潜意识的力量，它的巨大能量通过积极、果断的行动最大限度地发挥出来。这么说的话，这就不是特例，无论是谁，潜意识的力量都提升人们的才干和能力。

11. 无论在什么样的环境下，任何人的思维能力都可以凭借自己的能力来提升，潜意识所蕴含的巨大能量可以被用来支配自己的思维，并决定最终的将来。换句话来说，不论是谁，只要内在潜在的能量巨大，尽管道路并不平坦，有那样多的崎岖凶险，还有那样多的挫折困扰，他们都会因此在一步步接近自己最初的梦想。

12. 所以说，潜意识的内在巨大能量对谁来说都是至关重要的，只要被激发起来，不管是谁，要做什么，都能够达成最终的目标，关于这一点是毋庸置疑的。要让我们的生活日臻完美，我们必须有意识地去激发意识思维和潜意识思维两种形态的思维，这才是唯一的途径。潜意识的巨大力量要得到重视，将来我们开始着手从事任何工作，都要时时刻刻记住这一点，掌握了自身内在的巨大能量，我们自己原本具备的能力和才干都会在特定的时期得以提升和进步，而这个特定时期正是自己最为重要的时刻，因为到了那个时刻我们就可以期望梦想成真啦！

13. 我们会发现，当我们开始从事某项最新的研究或是在原本的工作中要获得新计划所给予的新启发的时候，潜意识的作用就变得相当重要了。此时此刻，我们要做的就是引导潜意识，发挥它的作用去努力找寻自己所需要的启示，这么做的结果才会让我们得偿所愿，心愿达成。可想而知，假使潜意识的思维方向在我们的引导之下朝着自己目标的方向发展，那潜意识思维自然而然地固化在我们自己理想的方向和思考的层面。当然，我们还需要牢记一点，虽然有些时候在我们单纯利用有意识思维寻求理想的新启示的过程中，不会是一帆风顺，有可能布满挫折，不过我们还要同时利用潜意识思维的力量继续努力，曲折的过程还是会换来光明的未来的，目标的实现也就并非难事了。有了潜意识思维的参与，我们的整个思维体系在一步步变得愈发强大起来，它不再是一个个个体，而是将系统中的所有单独的部分组合起来，整体更为有能力，也更加敏锐了。

14. 当我们有非常迫切的需求，与此同时，我们的感受也非常深刻的时候，潜意识思维也会因此变得相当活跃，它们会异常积极地回应我们迫切的需求。假设我们有一个很明确的目标，并决心要尽快达成的话，那就必须先确认自己有能力做到，有了这份自信之后，才能全身心地把自己的精力和努力都投入到实现自我目标的过程中去。

15. 须知，我们要从某种途径中获得自己要达成目标所需的力量的时候，就必须为了自己的目标下定决心。这种情况在现实当中不鲜见，确实有此类事情发生，有一些人在一瞬间就仿佛有如神助，突然多了某种神奇的力量，而这种力量还帮助他们获得了成功，甚至是成就了一番事业。我们或许会因此感到诧异，但仔细分析和发掘后就会发现，他们之所以能成功绝非是依靠神助，而是他们不得不下定决心去做这些事，有了坚定的信念，他们就会指引着自己的潜意识思维去达成所愿，而他们所获得的力量都来自于潜意识思维，这就是他们成功的关键。一般来说，一个人坚定了自己要做某件事情之后，由于不得不去完成，个人要完成该事的愿望就会比从前强烈许多，也会感觉到感受变得异常深刻，很快他就会将个人的全部力量用来指引潜意识思维，潜意识思维的巨大能量就会迸发，他也就能很自如地运用自身潜在的巨大力量了。

16. 假设我们此时心中怀有鸿鹄之志，而且有着强烈的愿望要去实现它，这种强烈的欲望几乎每一天都作用于我们自己的潜意识思维，哪怕是睡觉都不能轻易地忘却引导自身潜意识思维这件事情，这样做的结果，就算是再难达到的目标，也会有实现的一天。我们只要能够坚定果决，能够正确地引导潜意识思维，那么就没有什么事情办不成。只不过，还有一个问题需要再次强调一下，要办成事就绝不能没有固定的目标，因此不论如何我们都要时刻提醒自己去关注自己所定下的目标，这才能把所有的才干和能力集中。一旦我们的思维涣散，失去了固定的目标的话，我们就难以指引潜意识思维朝着我们所追求的方向努力，潜意识思维就会因此而变得混乱，在如此混乱的局面当中我们要获取解决问题的办法就十分困难了。

17. 在现实生活当中，牢记自己的理想和抱负，并将我们的志向融入生活，潜意识思维就会在我们的指引下将巨大的能量渗透到生活的每一个细节中去，我们就会因此感受到远大志向给予我们的力量。将志向融入生活当中，那么梦想就会离自己越来越近了。做到了这一点，我们无须担心自己找不到通往未来的道路，也大可不必为未来而感到担忧或是一筹莫展，理想在我们眼中是那样地清晰和具体，我们真正了解了自己所追求的目标，那么有了方向的我们就可以努力去朝这个方向引导自己的潜意识思维。我们通过潜意识思维发挥自身内在的巨大力量，从而获取了成功的方法，还提升了自身的能力和才干，一切实现成功的所有必需条件都具备了，何愁无法获得成功。

18. 要彻底地解放自我，我们就要从潜意识思维中找到对应的信息是什么，更要努力去找寻实现自我追求的方法。古语云："有志者事竟成。"相信这句话没有人没听说过，这句话从一个侧面也说明了相信潜意识思维的作用、坚定自己的信念的作用，只要我们明确了自己努力的方向，那么潜意识就会让我们内心的力量不断增强，感受越发深刻，也就是说，此时的我们就能依靠整个思维体系的巨大力量来实现自己的目标。当我们在工作上全神贯注的时候，有意识思维和潜意识思维两种思维形态所形成的整个思维体系被充分利用，实现目标的方法也会在整个体系巨大力量的运转之下呈现在我们眼前。

19. 要在工作中充分展现自己的才华，更好地发挥自己的才干，潜意识思维的作用要引起我们的重视。每天我们都可以通过尽可能多地去引导潜意识思维，干涉这部分的才能，增强它们，让它们在潜意识思维的干预下越发地强大和出众。我们如果已经做好准备去做某一项工作的话，一定要先着手去干，千万不要等到潜意识思维对此项工作有了明确主张和方向的时候才开始动手。我们要告诉自己有一种新的工作方法值得注意，那便是“枕着新计划入眠”，我们在工作中运用这种全新的方法，然后再做最后的决定，就会达成所愿。

20. 不要忽视睡眠状态下的潜意识思维活动，事实上，只有当我们进入睡眠状态之后，进入潜意识思维能力的深度才会更深。睡眠状态下我们所形成的想法和概念，特别是那些为我们所特别注意的想法和概念，经过我们一再地分析和咀嚼，这些观念想法几乎是换了一个角度被我们全方位地审视和考察。所以，我们会发现在睡眠状态下，自己有必要运用潜意识思维反反复复地考量和斟酌这些想法，同样的，在清醒的状态下，我们也在用潜意识思维考量这些想法。这并不是多此一举，而是运用两种状态，两个角度去审视这些想法，只要坚持这么实践，找到解决问题的方法并不难。

21. 从整个思维系统来说，思维形态被分为两类，一类是有意识思维，一类是潜意识思维。当问题出现的时候，它们两者并非都具备解决问题的能力，同样的，它们也并不具备提供解决方法的能力。但是不得不承认的是，凡事都是“熟能生巧”，这是一条颠扑不破的真理。潜意识思维被频繁地唤醒，并在科学的训练下协助我们完成工作，达成目标的话，那么它就很容易在我们的引导之下回应我们的努力，此后不论面对什么样的问题，在实际行动中我们都可以运用潜意识思维。总而言之，越频繁地训练自己的潜意识思维，甚至是整个思维系统的话，就越能熟练地在实际应用中利用它们。

22. 切记，遇到重大问题或是挫折的时候需要如此，平常时候更需要如此，换句话说，也就是随时随地都要这么做。现实生活中，潜意识的认识必须先从用心、用最具体的实际行动进行。试想一下，我们现实生活和工作中的每一项任务都可以交由潜意识思维来执行，做到这样才能彻底打消我们的疑虑，实现目标就不会再是海市蜃楼。对我们每一个人来说，不妨每一天都花一些时间来训练自己的潜意识思维，频繁地对它们进行暗示，潜意识在这样的训练之下才能明白我们需要达成的目标。请注意，训练和认识我们自己的潜意识，必须保持虔诚的态度，不能只是泛泛而谈。有了坚定的信念和无限的自信做保证，我们想要达到的目标才会最终实现，不能在指引潜意识思维的时候让它陷入混乱。记住在每次暗示自己的潜意识的时候，我们无论如何都要保持镇静和淡定，因此让自己的头脑在睡觉之前都保持平静是十分必要的。

23. 暗示自己的潜意识思维，不能混杂进其他和实现自己的目标无关的想法或是期待，只有那些和我们自己发展事业或是希望解决的问题有关的想法才能用来暗示自己的潜意识思维。所以时刻要记住，只有那些让自我感受深刻的想法、期待或是思考的状态才能融进我们的潜意识当中，其他的都不可以，否则潜意识思维就会进入混乱的状态。还有一点，哪怕用了这些办法仍旧没有获得成功，也要保持自己的自信。

24. 实际生活中，不少人没有成功，主要原因也还是和潜意识思维的错误指引有关。由于没有正确的指引思维系统，造成有意识思维和潜意识之间的沟通和接触不够恰当合适，即便是付出再多的努力也无法成功。所以要成功，先要让有意识思维和潜意识思维两者合理接触，再努力，加上积极的思考，这样保持执着的信念才能走向成功。有一些方法的效用能立竿见影，有一些方法则不能立刻见效，可能过去了几个月，几年都不见结果。不管是哪种情况，潜意识思维的训练和引导要坚持每天进行，对成功要抱有很强的信念，相信成功一定会到来，我们才能坚定地朝着自己的目标努力，千万不能因为尚未成功而无比焦虑。

25. 我们必须要记住，潜意识思维的暗示需要我们每天进行专门的引导和训练，只有这样，思维能力和整个思维系统的能量才会稳步提升。潜意识思维无法承受过多的压力，所以不要轻易让它承受太大的压力，同时潜意识思维的能量是无限的，它有着非凡的容量，正如我们所看到的那样。每一次引导或是暗示自身的潜意识思维的时候，我们都会感受到它所反馈回来的回报，对于我们的努力，它们在某个特定的时间点都会回报我们。不过这是有前提的，我们所有的思考活动都必须是沉着冷静的，也就是说先要有很清醒的头脑，调整好自己的身心状态，实现内外兼修才能保证潜意识思维的回报。

第六章 \ 把握科学思维的无限能量

本质上来说，思维的能量来源于思维态度，唯有科学的思维态度和思维方式才能给人们的内心世界带来无尽的能量。科学思维要求人们描绘出未来清晰的模样，激发自身的各种能量凝聚在一起，朝着正确且明确的方向共同努力。

1. 思维研究最重要的一个方面就是要弄明白一个问题，思维并非都有能量存在。现代社会，人们开始着手对人类的思维进行深入细致的研究，不少人都得出了这样一种认识：所有的思维本身都具备一种力量，人们要达成自己的目标都要依靠它们的力量。只不过这种认识并不全然正确，或者可以说它并不准确。我们假设每一个思维都有能量存在，都拥有能力，可以想见结果是人类很快就会毁灭，毕竟绝大多数普通人的思维都很混乱，带有很强的破坏性，这样一来，人类就不可能在这个星球上存活这么长时间。

2. 那么哪些思维是有带有能量的，哪些是不带有能量的呢，这是我们需要确定的，也正是在我们找寻这个问题答案的时候，我们会惊讶地发现思维本身是可以区分为两个截然不同的形式。一种形式可以被称为客观的思维，另一种形式则被称为主观的思维。相比之下，客观的思维由大众的思想产生，譬如推理、调查、分析和研究，包括记忆和构思的过程都能够产生客观思维。通常客观思维是超越情感和普通理解活动制约的，它不受普通情感的控制。简单来说，客观思维的范畴内包括了所有进行理解活动的思维，因此客观思维和个人的智力发展以及身体状况没有过多的联系，彼此之间几乎没有影响。可以这么说，客观思维不会直接有某种思考成果的结论。在短时间内客观思维对我们的生活和健康不会有明显的影响，更不会影响我们的心理状态，甚至可以说丝毫没有关联。只是从长远的角度来看，客观思维对我们的生理和心理状态是存在影响的，这其中的原因不能随意忽略。

3. 从本质上来说，客观思维属于一种思维模式，更确切地说，它本身就是一种感受深刻的构思活动，更是一种心理领域发生的活动，它常常在行为内部的最深处暗暗活动。换言之，客观思维还可以概括成心理思维。有句话说道："如果一个人用心思考，他就造就了真正的自我。"这话当中所提到的思考状态，其实就是和客观思维进行思考有关。

4. 客观思维活动是源于我们心理领域的核心区域的，从这个层面上说，生命中最为重要的那些元素和客观思维之间都有着非常密切的联系。人们的感受和客观思维活动密切联系，思维中心领域所发生的活动都是客观思维。我们在这里提到中心领域的"中心"不是以往人们所说的心脏，也就是说不是具象的人们身体的中心器官，而是一种非常抽象的含义，指的是心理层面的中心。这就 好比，我们通常说一个城市的中心，也不是具象的某一个地区，而是抽象地指代城市中的主要区域，或者是这个城市当中最为繁华的，经常举办各类大型活动的区域。回到客观思维的话题，我们所提到的中心则是思维系统中最为至关重要的部分，是深层次的部分，与浅层的思维区别开的深层区域的活动。

5. 在思维当中，客观思维作为其中的中心区域，和最深层的心理活动彼此相关，也是最深刻的心理活动所产生的结果，由此我们可以断定客观思维一定是拥有力量的。因此，客观思维能为我们所用，但同时它也能和我们的意愿相违背。带有力量的客观思维对我们的思想活动、身体、心理等等多方面都直接产生影响。产生什么样的影响是由自身来决定的。客观思维并不是一成不变的，在思维领域中不少思维活动也会在一定时候转变为客观思维，也就是说，很多思维活动时不时都可以深刻融入思维最中心的区域，甚至可以说是全部的思维活动都有这样的机会，这就在很大程度上直接决定了思维的结果到底是善还是恶。因此，不论是哪一种思维活动都要变得科学才行，这才不会影响思维的结果。换句话说，思维活动也需要有一个明确的目标，我们根据这个目标来约束和设计思维的形态，最终发挥思维活动的能量来实现目标，这才能保证思维活动为我们所用。我们要明白，所有的思维活动都得依据正确、明确和建设性的思维原则来进行。尽管我们发现客观思维活动也时不时难有结果，不过客观思维的本质仍旧由主观思维所决定，这一切正是由于主观思维转化为客观思维而产生的。

6. 每当我们思考的时候，思维活动都朝着好的方向发展，并因此形成趋势，只要这种思考模式慢慢渗入成为客观思维的时候，我们的目标就会梦想成真了，客观思维还可能在主观思维的指引下，两者默契合作，配合相宜。

就这一点来说，我们要明白一般在潜意识领域中发生的客观思维，它和潜意识之间实际上都是相同的一种思维活动。只不过在我们提到思考方面的问题的时候，我们更愿意说是“客观思维”，“客观”一词的表述更为明确、生动、重要、深刻，它传达了这种思维模式的特色，这是一种在深层心理领域互动的深刻思维活动。

7. 科学思维的概念该如何解释呢？我们一般把它解释为，如果我们的思维和我们所追求的目标一致的话，或者是我们的梦想是通过思维系统的力量来获得实现可能的话，科学思维就是此刻我们脑海里的一切思维活动。相反，我们的思维活动的方向如果和自身的目标相悖，或者是我们难以利用自身的所有能力为自己所用的话，那么我们的脑海里所有的思维活动都不是科学思维。所以，为了能有科学思维，有科学思考的结果，首先要做到的是为自己找一个对自己有利的方向，保持乐观的心态，去思考自己的目标，其次还要保证自己的想法总是客观才行。换句话说，思考的活动要保证恰当，这才能在思维的过程当中保证思维的力量。科学的思维活动过程总是符合科学原则的，而且还总是客观，这样的思维活动无论是过程还是结果都能体现出力量感。

8. 思考过程一定要主动去拒绝那些我们不愿意经历的或是不愿意思考的事情，而对于自己所追求的目标事物则要表现出专注的态度，一心一意去思考它们，期待它们有一天能够让自己美梦成真。做到了这些，我们的生活就再也不会有不和谐的声音出现。请记住，我们自己坚定的梦想一定要每时每刻都记在心中，并且十分明确地记住它。我们的思考不能有一瞬间是漫无目的的，必须朝着我们的梦想前进。要知道，每一次漫无目的的思考过程无疑都是在浪费我们的时间和精力，只有那些有了明确思考方向的思考过程才可能最终让我们达成目标。假设我们的每一次思考都有明确的目标，那么我们所拥有的一切精神力量就会被充分调动起来，我们的梦想也会随之成为现实。因此，有了这样的思考过程，我们总有一天会获得梦想的垂青，这是因为我们的精神力量足够强大这才能保证梦想的实现，而实现这些目标的前提是我们有了明确的目标方向，且身上所有的力量都在朝着这个方向不懈地努力。上面我们所提到的在科学思维过程当中，由于思维的全部力量都为我们所直接利用，因此它们可以始终坚持不懈地为了实现我们的目标和抱负而努力和奋斗。

9. 实际上，我们还可以借用几个著名的理论来深入解释科学思维以及非科学思维的本质，更深刻地认识科学思维。人们往往会在问题出现的时候说："这问题是无法避免的。"其实这种说法也不全然是错误的，它也无可厚非，只不过如果常常下这样的定论的话，那么我们的思维也会随之常常获得这样的暗示，大多数情况下，这么一来不但问题解决不了，还会出现自己的问题。我们的思维必须不断地训练和指引，还要在问题出现的时候持续给自己这样的暗示：出现问题是在所难免的，但这是再正常不过的事情。如果自己总是这么提示自己的话，那么我们的不利想法就会给精神力量的利用带来负面的影响，于是在思维过程中就难免会有错误出现。由此我们的生活就会有新的问题出现，问题都得不到解决，只会越攒越多。错误地调动自身的精神力量，我们自身就会问题不断，问题得不到合理的解决，那么即便自己有再多的目标都无法实现，事物也无法纳入正常的轨道了。

10. 很多人都曾有过杞人忧天的毛病，不论什么时候，他们都感觉自己会遭遇不幸的事情，尽管在外人看来他们的生活态度还很乐观，但谁都不知道他们的内心总感觉无法预知的灾祸会突然降临到自己头上。结果很显见，因为他们不断的心理暗示，最终灾祸真的降临到他们头上，而这灾祸其实是他们自己人为制造的麻烦。倘若我们内心总在暗示自己会有不好的事情出现，我们的精神力量就会朝着我们所“期许”的方向发展，结果就会逐渐成为我们所想象的那个模样呈现在我们面前，有时候还会有毁灭性的结果出现。我们所期待的方向，就会通过心理暗示作用于精神力量上，精神力量就会往那个方向发展。这些不好的想法会搅乱我们的思维过程，在我们的内心世界里制造出很多负面的阻碍，在这种情况下，我们原有的才干、推理能力还有判断力都会被削弱，自己也会错误连连。谁都明白，不论什么情况下都始终犯错的人在绝大多数的情况下甚至是全部情形下都会有不幸降临的。

11. 遇到问题，我们就要开始祈祷，希望不再有不必要的麻烦发生。试着去把这个出现的问题当成是一个非正常的特例，而不是常规出现的事情。问题发生了，解决以后就试着忘掉它，过去的就让它过去吧。即便问题出现也不要放弃科学思维，通过科学思维来为自己寻觅最好的机会，把思维形式和我们所具备的各种力量聚合在一起，继续朝着我们目标的方向前行。那个最远大最辉煌的理想是需要我们凝聚身上的每一点力量专注向前的，唯有如此才能获得成功，得到最佳的结果。全心全意地朝着自己的目标努力和奋斗，就没有什么是实现不了的，水到渠成是自然的事情。

12. 有一部分人无论做什么事情都会说：“有些事注定是要出问题的。”

换个角度思考一下，我们为何不把这句话改成："有些事注定是会很顺利的。"我们要常常用后一种说话的方式来提醒自己，这才有利于我们朝着自己目标的方向坚持努力。我们不应该认定有些事情是注定要出问题的。事实上，我们去比较在做事情的过程中所遭遇的顺利和麻烦的数量就会发现，大多数情况下我们还是很顺遂的，只有少部分的事情会遭遇麻烦。可是总是有人认为自己遇到的麻烦很多，我们要避免的就是这种负面的思想包袱，以免陷入更为麻烦的境地中。即便是遭遇了麻烦也不要这么悲观。有时候当我们认定有些事情是注定会有麻烦的时候，我们的思维不免就会把注意力集中在这些麻烦上，反之也是如此，只要不断地告诉自己相信自己正在做的事情一定会顺利的，那么思维也会转向顺利的方向去思考，随之内部的有利条件也会逐渐增多。如此正面的思维习惯和过程，我们会从中获得正面的结果，譬如健康、幸福和力量，乃至很多很多的财富。

13. 我们会注意到，有不少普通人常常挂在嘴边这么一句话："我老了。"他们这么说，自己的所有注意力也会跟着去注意自己越来越老的这件事情了。简单地说，他们实际并未变老，而是强迫自己去认定自己正在衰老，还相信自己的思维能力也跟着不断衰退。我们要说的不是"我老了"而更应该是"我要活得更久"。换一种说法之后，我们的思维才会更为关注生命的延续，而非生命的终结，这样的话我们才会忘却衰老的存在，生命才会有更多的力量，自然而然生命也就能更为长久的存在。一般来说，已经六七十岁的人们会经常对外人说："我剩下的日子。"这种说法事实上就是负面暗示的说法，认为自己的日子已经不多了。这种说法实际上是在告诉自己短时间内生命就会结束了，与之相对应的是，自己的精神力量也会跟着生命的结束而全部结束，不如换一种说法，把“剩下的日子”换成“从现在开始”，生命看起来就仿佛是刚刚启航一般永远不会落幕，精神力量也会随之保持青春。

14. 还有一部分人常常说：“没什么事情我能干好。”很显然，如此消极的想法无论如何都是会约束自己的思维力量的。要是自己总感觉自己是一事无成的话，时间一长我们就不可能做好任何一件事情。换一种想法，如果我们自己常常对自己说：“我能够越做越好。”在这样的话语激励下，我们就会越来越出色了。

15. 其实还有很多类似的说法在现实生活中出现，而且这些说法我们都很熟悉，就好比是上文我们所列举的那些说法那样。每个人都要清楚我们自己的目标是什么，想要做的事情是什么，如果有那么多负面的想法的话，那么我们前进的路上就会有无限多的绊脚石。要知道，思考的目的是不能违背自己的意愿或是和自己的想法相悖，这才是正确的思维方式。自己想要实现的目标或是渴求获得成功的事情，如果已经按着发展的方向正在酝酿，那成功就会随之而来。假设有麻烦或是挫折出现，也不要因此就退缩或是气馁，而是要认真专注于自己决心要实现的远大理想之上。

16. 假使有了大麻烦出现，一般人们在遭遇此境况的时候，就会不知所措，茫然无措。此刻他们的大脑中充溢着恐惧的情绪，原本具备的那些力量统统都失效了，没有一项能够正常发挥其力量。可是谁都知道，无论做什么事情都会有麻烦或是问题出现，这是在所难免的。也正因为如此，人们总是在做事的过程中对麻烦和问题产生无限的恐惧，害怕麻烦会降临在自己头上。

这种想法是不对的，我们要彻底地改变这种错误的想法。不论是顺境还是逆境，只要是心中有着坚定的梦想就要去坚持。换句话来说，我们的精神力量和能量时刻都要和思维一起保持着乐观的态度，不论麻烦是否会降临在我们的头上，远大的梦想都是我们一直要坚持和努力的方向，实现它才是我们最终的目标。总而言之，实现理想是需要我们全身心地付出努力的，在实现梦想的路上不能总是左顾右盼，更不能三心二意。

17. 我们全身心地投入在我们所追求的梦想上的时候，精神力量就会自然而然地凝聚起来，一心一意地为这个梦想而奋斗。无论是谁，都要为自己的梦想和即将到来的辉煌人生准备一个最佳的开始，不久以后我们就会感知到自己在各个方面的全面发展。只要我们能够持之以恒，我们就会得到越来越快的发展。在此期间所发生的各式各样的麻烦一旦被我们所忽视，它们也就无法成为影响或是困扰我们的麻烦了。

18. 说到这里，我们来总结一下和科学思维有关的思维法则究竟有哪些。首先，自己越是关注顺利发展的事情，自己所做的每件事情就会变得顺遂起来；其次，自己越频繁地思考自己所追求的目标，实现这个目标所需的能量和力量就会越充裕；第三，自己越是专注于自己的理想和抱负，就越能凝聚自己的力量来实现理想。因此，记住让自己更多地接触正面的事物，例如和谐、健康、成功、幸福，包括一切让我们感觉幸福、喜悦、美丽且有价值的事物。通过思考这些有益的事物，我们就会给思维画出更为美丽的蓝图。不过有个前提需要注意的是，不论是什么想法首先必须是客观的。

19. 所以简单来说，科学思维的作用就在于培养将自己所有的思维活动和心理活动专注于自己的人生理想以及人生力量的实现、得到和完成的过程。用一种科学的方式来思考，在培训自己如此科学思维的过程中，首要的一点就是 要集中自己的注意力，将它们都凝聚在好的、对的事物之上，不能被任何错误的事情所干扰。我们都明白在我们的生活中，“对”用来判断的不仅仅是道德行为，事实上所有行为都可以用它来进行判断。既然说我们要坚持“对”的事情，那实际上就是要对所有事情都坚持正确的态度，而且只能如此，即便错误是在所难免的。关于这一点，我们在上一部分当中其实已经提到了不少，这其中还有一个科学的理由包含其中。谁都明白，最重要的事情莫过于坚持对的思维方式和正确的思维方向，行为上也要遵循正确的行为准则。如果我们所期待出现的事物是好的，或者说是对的，那么我们的思维方向和思维方式就可以始终保持正确，这和我们身处的环境如何没有关系。可是假如我们所想的好的事物还会有另一个可能出现的结果，但由于我们身处的环境不利于潜藏的错误生长，那也大可不必担心，我们只需要花费一点点力气就可以纠正可能出现的错误。所以说，生活中出现了错误不可怕，只要我们肯付出积极、果断且有创新性的努力，所有的错误都可以被克服，到最后我们就会看到所有困难，即使是曾经我们认为很大的错误也会在短时间内被克服掉。

20. 试想一下，一个正在经历困难，或者是走在毁灭边缘的人，他们的身心已经完全被负面的事物所占据。可是即便是如此也无人能毁灭他们，只有他们自己才可能把自己的思维搞得混乱不堪，将自我陷入毁灭的境地。可见，我们自己的思维仅由我们自己来驾驭，无论是什么样的情况，我们都必须要掌控自己的思维，要让科学思维占据我们的身心，这才是解决问题的唯一途径。

21. 遵循科学方式来引导思维，有三个要点我们要牢记：第一，思考态度要有创造性，这是我们每一个人都要培养的思考态度。思考态度的创造性在于当思维、感受、愿望和意愿等都要和美好、向上的事物频繁接触时才会产生。当然还有一种情况也能培养创造性的思考态度，那便是拥有一颗积极向上、坚决果断的乐观心灵。有这样一颗心灵去注视我们远大的理想，对我们来说也是莫大的帮助。拥有宽广的胸怀，乐观的心态，才能拒绝悲观的、郁闷的情绪来侵袭我们，思考态度才会因此而变得有创造性。记住，谦逊是我们每一次思考过程或是感受过程都应当保持的态度。

22. 再来看第二个要点，要培养丰富的想象力。丰富的想象力可以用来描绘一幅美丽的、理想的，且通向自己未来的美好画卷。这是一幅和自己想要实现的目标密切相关的画面。扪心自问一下，这才能清楚自己最想要得到的是什么，自己想要实现的理想又是什么。一般来说，没有人会去思考自己不想要的事物，只有想要得到才会去思考，也只有付出了思考的事物才会最终得到它。所以，和自己的梦想相符的事物会引起自己的注意力，如果自己能全心全意去思考的话，那么我们的思维就会用最快的速度为我们达成目标，完成我们的理想，获得我们最想要的事物。

23. 最后一个要点是要培养心理活动的创造性。我们的心理活动都应当有一定的期许，这正说明它们要有明确积极的目标。我们要做的就是让自己无论身处在什么样的境况下，都要乐观面对，让心理活动迎着生活中最灿烂的阳光。一个时时刻刻都沐浴在阳光下的人，对人对事都会有乐观向上的心态，这是正确的态度，有了这种态度我们的思维也就不怕会误入歧途了。当然，每个人的生活不可能每一刻都有阳光普照，但其实这并不重要，只要我们每个人都相信阳光存在，而且它们一定会降临在我们身上的时候，即使阳光尚未出现，但我们的心灵也会因此沐浴在我们所营造的灿烂世界中。生活中有很多阴暗的角落，这些角落不管它有多么的残酷，光明仍旧是我们应当坚守的。光明或许这一刻还微小，还不足以让我们温暖，不过我们都要坚信光明的存在，只有如此才能忘却阴暗角落的残酷。

24. 乐观不是嘴上随便说说的，它是有真正内涵的。努力去奋斗换来乐观的人才是掌握了乐观真正含义的人，他们不仅仅是期待美好的事物出现。在他们眼里，光明是始终存在的，他们所需要的是通过自己的努力，运用自己所拥有的每一分力量去换取更多的光明，为生活营造更多的乐观，如此循环反复地遵循上述的三个要点，他们的生活就会光明一片。创造性的思考态度会让他们不断迎来最好的事物；创造性的想象力也会一再地为他们描绘未来最美丽的画卷；创造性的心理活动能使他们调动生命中的每一个力量为自己创造辉煌的未来；而乐观积极的态度培养了他们的期许，期许未来的美好，守望将来的光明。

25. 说到这里，有一点我们不能忘记，思考态度和精神力量总是有太多的关联，不论哪种思考态度都会支配无数的精神力量。假如思考的态度是阴郁的、悲观的，那么思考就会因为这些负面的力量受到不利的影响。换句话说，这些力量的支配者本身不够顺利，反过来还会有害于自己。此外，我们若是能将我们自己的思考态度成功地改造得更为强大或是更为真实，达到某一个理想的高度的话，无疑这些力量的创造力也在不断提升，那么它们在支配精神力量上也更有优势，这样，朝着我们自己所期许的奋斗目标努力也是自然而然的事情了。

26. 仔细去研究这方面的内容时，我们不难发现研究思考态度越是仔细越是有利，这和了解我们的大脑平常最关注的事物是什么一样的道理，两者都是对我们相当有利的。通常如果我们现在正在全心全意注意的事物并非我们最初期待的，或者说我们接下来可能碰上的失败、挫折或是麻烦、不利因素等等都被我们的想象力时时关注着（当然这种思考本身就不科学），这种做法显然是在浪费时间，毕竟它不是一种科学思维。假如现在的我们正在做的是展望自己的未来和构想自己的人生，那就不要担心有麻烦和挫折出现。从内心深处就不要把自己将来的日子想得那么理想，也不要把自己始终放置在一个不利的条件或是环境中。即使是一无所有的人，即使是遇上再多的困难和麻烦的人，也不要轻易陷入迷茫当中。无论是上述的哪种思维都是不科学的，不是科学思维的方式，因此它们都是有害的。

27. 不再为现在感到担忧的我们，就尽可能地去构思自己的未来吧。一旦没有了担心，那么我们关于未来的构想总是更加美妙，更加乐观，更有理想的色彩，更有创新意识。我们要对自己的未来有足够的信心，坚信自己能收获最美好的未来，况且美好的事物我们会在将来的道路上越来越多地遇上。俗话说："条条大路通罗马。"没有什么艰难险阻能成为我们获得美好未来的阻碍，通过努力我们会有越来越好的环境，我们的才干和能力也会因此不断提升，身体会越发健康，头脑也会越发敏捷，性格也会越来越随和，越来越讨人喜欢，我们会变得更加有活力，灵魂也会随之更加伟大。简单地说，我们的未来必须和美好的事物联系在一起，这才能让我们获得美好的未来。不要为未来的日子犯愁，所有美好的事物或是理想的事物都要满怀自信地去期待它们的到来。我们的生活因为有了这样积极的态度而变得更加美好和快乐，我们的内心世界也会因为有了恰当的生活态度而得到全面强化。之所以在这里说到“恰当”指的正是我们拥有乐观而美好的理想，单纯只拥有这个梦想还是不够的，我们还要有实现这个梦想的巨大力量，有着相信我们梦寐以求的事物终将到来的力量。

28. 收获一个灿烂美好的未来，为了实现这一点我们必须明白，我们心中描绘的未来蓝图是可以支配和引导思维的。因此可以说，能在内心世界里为自己描绘出清晰且明确的关于未来的画面的人才是真正为了未来而奋斗的人，他们内心的所有能量都会为了实现这个目标而被激发出来，而且可以为未来积极努力。实际上，这个时候他们的思维、生命、个性、性格以及灵魂的所有力量都一鼓作气在朝着目标的方向努力。兴许在实现自我力量的过程当中并不如他们自己想象的那般一帆风顺，只不过他们的未来一定会同他们想象的那般美好，有时候还有可能会比他们所构想的蓝图更加美好。

29. 普通人在为自己描绘未来的蓝图的时候，他们常会为自己构思出各种各样的麻烦和困难。这只因为他们无法确定未来的所有情况，正因如此思维就无法集中为了未来的那个清晰明确的梦想而努力，他们失败的关键因素就在于此。

30. 那些已经在人生道路上取得了成就的人们，当我们仔细研究他们的生活时，就会发现他们中的每一个人都为自己勾画过明确清晰的梦想，而且这些梦想都异常远大。他们的内心深处，那幅关于未来的美好蓝图一遍遍被描绘，于是他们非常清楚自己的目标是什么，所以他们也如此去把握自己的人生。他们始终固守着自己的信念，所以他们内心深处的一切力量都被调动起来，都在为之而努力。他们关于未来的目标实现起来也就不那么困难，他们所梦寐以求的事业高峰也会因此达到。这些成功人士对科学思维的真正定义或许并不了解，但事实上他们正是运用了科学思维获得了最终的成功，他们良好的思维态度和方式为他们自己描绘了自己所追求的美好理想。他们中的任何一个人在思考时，所有的态度都是勇敢地去接受每一次挑战，他们的思考态度本身就具有很强的创新意识，所有的心理活动都有一个固定的目标，那就是他们所勾画的最崇高的理想。也正因为如此，他们身上所潜藏的每一分力量都被调动起来，为了实现这个理想而努力。不难看出，这其实已经是科学思维的标准定义，和我们上文所提到的有目的性的思考几乎完全吻合。要实现自己的理想，就要懂得如何去训练自己用这种有目的性的思考方式去思考。与此同时，我们也不能忘的是实现最终目标的每一步还有两个不可或缺的品质，那就是坚定和果断。

31. 我们的梦想有时无法即刻实现，很多人会因此失去信心，甚至会颓丧不已，并就此否定自己之前的努力，认为它们都是徒劳无功的。一般到这个时候，身边的朋友们就会过来告诉我们，之前的梦想不过都是我们做的白日梦，我们更应该去多做一些切合实际的事情，做一些我们力所能及的事情，这才不至于丧失做事的信心。假如朋友们的这些“切合实际的忠告”我们并不接受的话，仍旧用满腔的信心去追求我们最初的梦想，那梦想总有一天会实现。到了我们梦想成真的那一天，这些曾经劝说过我们不要天天做“白日梦”的朋友们又会出来告诉我们最初的选择是正确的。要是一个胸怀大志的人被视为失败者的话，那么他身边所有的人都会劝说他放弃自己的远大抱负；可是一旦他有一天实现了自己的理想和抱负的话，他身边的朋友又会换一种说法，赞扬他不惧困难，走过黑暗，凭借坚持不懈的优秀品质以及果断的决策能力获得了自己想要的成功，而且还会鼓励其他人将其视为学习的榜样。这仿佛已经成了现实生活中的一条定律了。因此请记住，但凡在自己失意时，朋友们的品头论足大可不必放在心上。坚持自己的努力，朝着自己梦想的方向前进，没有什么目标是无法达成的。

32. 并不是所有的人都是胸怀大志的人，但这个世界有远大抱负的人也不少。他们无一例外地相信自己，有着满满的自信，对于自己所追求的梦想有着坚定的信念以及不屈不挠的韧劲，都在期待能获得巨大的成功。尽管如此，他们不经意间都忽略了自己身上的一个不太显眼的缺点，那便是他们的思维，他们都缺少科学思维。不过这不算什么，我们当中的大多数人都会很快地就纠正这个错误。要知道，哪怕是一个小小的细节上的思维方式或是思维态度是非科学的，都会对我们的意识力产生极大的削弱作用。它可能会使我们非常珍贵的精神力量产生扭曲。既然想获得成功，成就一番大事业，就要调动我们所有的精神力量，积极地向着我们明确且清晰的目标前进。一般情况下，人们常常感到很是阴郁，大多数情况下是由于身上潜藏的大部分精神力量尚没有发挥出来，也就是说支配精神力量的思维态度和自身发展之间没有互动关系。这样的话即便他们胸中有再远大的抱负也无法实现，原因在于他们大部分的精神力量都丢失了，他们本身还不具备强大的能力去实现自己的梦想。

33. 科学思维的必要性由此就凸显出来，为我们所认识了，同样的，我们还要明白正是有了科学完善的思维习惯，这才有利于我们自身，这一点也是相当重要的。只不过科学思维的作用除了能够让我们恰当地运用自身的精神力量以外，还能增强精神力量，提升运用精神力量的效率，对我们运用精神力量的才干和能力也有正面的影响。说到这里，我们不妨让大家一起来认识一下正确的思维方式有哪些作用。先来假设一下有一个有音乐天赋的人，他很想好好地利用自己的天赋，不过他始终对自己天赋的现状表示不够满足，这样的人会有什么样的结果呢？很明显，他不满足于自己现有的天赋，他所有的心理活动都会对自己的天赋产生负面的影响，更严重的话就会产生抑制作用，不但不能激发它们发挥作用，反倒起了副作用。相反，如果可以很好地利用自己现有的天赋的话，天赋势必在最大限度上发挥作用，自己通过不断给天赋输送活力，也能保证理想最终的实现。

34. 天赋从这个方面来说其实和人是一样的。就好比拿两个所处环境迥然不同但是能力却相当的人来举例，假设一下，两人中的一个人总是被身边的人欺负凌辱，他每天都遭受到无数的责难，还有人甚至断言他做什么都成功不了。于是他就这样每天备受责难、打击，周遭的人也不再相信他能有什么成就，于是慢慢地，他就失去了自信，还丢掉了斗志，意志也跟着消沉下去。日复一日，年复一年，可以想象这样的一个人会变成什么样的光景呢？他会因此失去前进的动力，始终停滞不前。除非他是个精神力量无比强大的人，否则作为一个平凡人，他的信心、力量、创造力、判断力以及推理能力都会遭受巨大的打击，一点点消失直到完全丧失。其实他失去的还有很多很多，我们上面说的这些只是明显能感觉的，他们身上所有的能力和才干都随着上述的能力而消失了，无一幸免。

35. 再来假设一下，两人中的另一个人则是在鼓励声中成长。人们每时每刻都在夸奖他，他自身的能力和才干都得到了合适的机会充分施展。他所处的环境充满了乐观的气氛，人们都期待他能够不断进步。再来想想这个人的前途又如何呢？很明显，他会获得非常强大的力量以及最为出色的才干，在众人的鼓励下他会不停地往前迈进，向上攀登，最终他会凭借自己强大的力量不负众望地登上最巅峰。

36. 所以，请用鼓励的方式去善待自己的天赋吧，就像是上面例子里的第二个人那样，那么成功就离自己不远了。简单说，无论是天赋、能力还是自身力量的发挥，都需要鼓励，更别提潜在的力量更是要用鼓励的方式来激发。这些力量有了来自自己和周围朋友的鼓励之后，就会协同合作创造成功，如果期待有这样的结果，那就要培养自己这么去想，这么去感受，慢慢让自己相信身上的力量可以得到最大程度的利用。

37. 身体健康状况不佳的人中，有不少人都有一个共同的习惯，就是时不时地唠叨着自己哪里不舒服，哪里不痛快。有胃病的人就会常说自己胃不好，有肝病的人就常常说自己肝脏相当紊乱，眼睛有问题的人就会说自己视力越来越差。他们在不停地叨念自己的各种病症，就好像整个身体的健康都出了问题，于是他们的情绪也很是低落。这么做对他们的身体有什么影响呢？显然，他们就好比是上面我们提到的那个例子里的第一个人那样，总在他人的打击之下很是不幸，只不过这一次实施打击的人不是他人，而是我们自己。这就是为什么有些身体出了毛病的人身体始终孱弱的根本原因。让他们的身体始终不佳的人是他们自己，也就是他们本身有着不好的想法使得他们的身体难以恢复健康。只要他们的想法发生了改变的话，他们的身体就会重新得到鼓励获得健康。他们要做的就是不断地夸奖自己，对自己的健康有着不断的期许，从身心两个方面善待自己的身体，健康对谁来说都不会是奢望。

38. 科学思维的培养首先要学会关注和掌控自身的感受。科学思维并不是一件难事，凭借我们持之以恒的努力就可以让我们的情感、感受利于最有创新型、最为乐观的表达。改变自己的思维方式其实不用付出很大的代价，仅需一点点的付出就可以实现。可是就是这一点点的付出就会使我们的感受在某个过程当中变得愈发强烈起来，所以也可以说感受是很难改变的。

39. 我们时常会感到当自己沮丧的时候，会渐渐地越来越沮丧，感到不满的时候，情况也会越来越让我们不满。这些不利的负面情绪若是一开始就得到了抑制，那么我们的心灵就不会受到有害情绪的侵蚀，片刻都不会。还有一种方法，我们可以适当转移自己的注意力，让自己的注意力集中在那些开心快乐的事情上，这也能有效地转移不利的负面情绪。

40. 我们要循序渐进地发展自己的感官力量，就必须在任何情况下都依据自己的感受方式去感知身边的万事万物。通常来说，抑郁负面的情绪对任何人来说都是负担，这种负担带给我们精神上的压力实在不值得付出那么多精力去背负。何况，这些不利的情绪还有其他方面的有害影响，我们的思维会因为不利的情绪而受到支配去思考那些沉闷有害的事情。

41. 阴郁的情绪一旦占据了我们的心灵，精神力量在它的影响和支配下，就会收到错误的引导信息。因此，要让精神力量凝聚成一股力量朝着正确的方向发展就要让自己始终拥有正确且有利的情绪，此外还要心情愉悦，内心始终乐观和坚强，充满了活力和对未来的期望。让自己沐浴在光明的世界当中，那么呈现在自己眼前的事物也都有了强大的一面，自己也会因此持续获得力量，而这些力量每一分都有利于自身的发展。

第七章 \ 客观思想缔造未来

谁都想获得人生的巨大成功，于是不断有人自我认定自己是优秀的、智慧的，但他们不知道个人的成败和未来结果只能由客观的思想来决定，而非个人关于自己的主观臆断。成功的未来不是主观意愿的结果，只有充分地让自己相信并实践客观思想才能有灿烂的未来。

1. 人的思想能够决定一个人的成败，人在某一个时刻的想法几乎可以决定他们的未来走向，关于这个观点哲学领域的很多科学研究结果都已经证明了。一个人若是想向好的方向去修正自己的想法，那么最后他是可以彻底改变他自己的。只不过这个规则在现实中似乎并不奏效，很多人在实践了这条规则后没有取得巨大的成功，这当中有个很关键的因素，主要是因为他们在行为做事上只是片面地相信它，而不是将它视为自己的根本原则。

2. 如果不细心琢磨的话，会感觉把“人的思想直接决定他的未来”视为信仰和视为行为准则两者之间的差异不大，但细细研究的话就发现两者几乎迥然不同，仅仅相信这一准则还是远远不够的，甚至可以说是错误的做法。有些人的理想之所以无法实现的原因在于个性、智力和性格是不取决于人的想法的，反倒是人的内心想法，也可以说是潜意识思维的内心表达能够决定每个人的理想，而且还对能否实现理想或是能否心想事成之间也存在着直接的决定关系。何况人们对自己的定位和认知也不是影响人们的潜意识的关键作用，只能通过人们的创新思考来实现。

3. 自己的未来是由客观思维来决定的，但不是在脑海里幻想自己会变成什么样子就一定会变成什么样子，一定会达成所愿。为了能够创造出影响自己未来的客观思维，我们必须根据潜意识的思维活动来引导自己，只是当自己已经认识到自己清晰的定位之后就很难对自己的潜意识有影响了。潜意识不会因为自己对自己的任何一点评价而发生改变，因此坚持了自己的潜意识不改变，自身也不会发生过多的改变。行动也有主观和客观之分，当自己在思考内在和外在的时候那是一种主观的行动，而客观的行为通常在改善自身方面呈现出来。

4. 或许有的人会自我感觉良好，但是要想想，倘若自己每天思考的事情都是些微不足道的事情，那注定也只能是个小人物，是成就不了大事。这就好比一个人把自己抬得再高，夸得再伟大，只要思想是肤浅的，那也不可能会成为多伟大的人物，只能是浅薄空洞的小人物。这样的人要功成名就实在是太困难了，空洞的思想是不会给他带来巨大的成功的。功成名就的人之所以能有比他人更高一等的成功，原因在于他有着异于常人的思维能力，所以他可以比别人更懂得如何突破自身的局限，积极地进入一个比他人更为高尚宏大的内心世界。他可以成为一个精神上的巨人，因为他能找寻一个更为广阔的意识领域。所以他有坚定的信念要在生活上取得成功，呼吸比别人更新鲜的空气，体验成功给精神带来的快感。到了那时，他获得了成功的思维，而他要走向成功需要不断地将成功作为一个命题去思考。

5. 要注意的是决定个人成败的不是思维本身，而是通过自己给大脑提供思维素材来决定的。思维本身很可能是空洞的，缺少力量的，但是有了思维素材的填充之后，一个人的生命力量也会因此变得强大很多。思维素材的力量是不可小觑的，它会对个体自身产生反作用，即反向操作自身，这时候个体的内在和外在就不取决于自身的定位了，或者说和自己的定位没有丝毫的关系，反倒是会像自己思维素材里描述的那样。所以说，不管自己的想法会是什么样，好比是佛教中说的因果那样，自己的这个“因”一定会在虚无当中有“果”和它相对应。个人的思想会决定个人的生活，但是生活绝不就是想象中的那副模样。

6. 众所周知，人的身体更新的周期一般是八到十一个月，过一个周期就会完全更新一次，因为有了更新的存在，不少人都会觉得自己始终非常年轻。但必须明白的是，这种年轻的感觉仅仅是自己内心当中的感觉，并非自身身体看起来就非常年轻。要让自己的身体永葆青春还要做的一件事情就是消除潜意识当中感觉自己衰老的那部分意识，除此以外还要减轻自己对衰老的焦虑，这才能真正做到身体年轻。须知当我们感觉很是焦虑的时候，自己的外在模样和内在心态都会很快老化，即便自己内心还觉得自己总是非常年轻的也无济于事。因此，内心感觉自己年轻和身体年轻是两码事，单纯感觉年轻不是真正的年轻。要感受到青春永驻，就要让自己的心充分地为青春所滋润，全身心地投入青春的感受中去，那么青春时光才会真正停留在我们的身体上。

那么如何全身心地投入青春的感受中去呢？只需要记住一点，那便是青春是由生理和心理两者合一共同缔造的，而自己所需要做的就是只要去关注那些青春常在且不朽的事物即可。

7. 假如我们感知到了时间的流逝，自然而然就会感觉时间流逝的压力迎面袭来，身体也会在这种压力中标记上岁月流逝的痕迹，这点是毋庸置疑的。人们就会在这种压力越来越大的情况下，慢慢伴随时间而衰老。相反，要是人们时时感受到的都是青春的活力和蓬勃的气息，那无论是谁外在都一定是青春永驻的。不过，真正要变得年轻不是仅仅体验年轻的气息就能做到的。年轻的真正感觉一定是需要自己有意识地感知青春，并让这种感受播撒到整个内心世界当中才算。

8. 有时候我们会认为自己的健康没有问题，但事实却不是如此，唯有我们自己的心灵健康的情况下，才有资格去谈论身体健康。说到这里，很多人还是会坚持自己是健康的，身体是没有问题的。然而他们的生活失去了章法，几乎没有条理，他们的心理状态被疑惑、担忧、恐惧以及其他众多的负面情绪给占据了，这样的人怎么能称为健康呢？一定是不健康的。可见，身体的健康一定是为健康的心理状态所决定的，不是自己认定自己健康就可以决定的。自己的想法和健康与否没有直接关系。我们可以看见，有些自认为健康没问题的人，可是内心世界却充满了忧虑、恐惧和紊乱，这样的人不但没有健康的体魄，就连思维过程也混乱不堪。

9. 成败的决定因素是我们给大脑提供的思维素材，而非我们正在思考什么，也就是说，思考的内容是不决定成败的。譬如上文提到的身体健康，不是我们的想法认为自己是健康的就会健康，而需要保证思维内容是健康的，我们的身体才会获得真正的健康。同时，除了思考本身要健康外，健康质量和健康的生命力也要成为思考的内容才可以。只不过我们的思考本身不是每次都可以承载这么重的内容的，唯有在这种思考发生时就已经意识到了健康本身。所以，要真正维持身体和心态的健康，了解健康的本质势在必行，而不能只停留在客观上迷信健康的重要性。保持身体和心理的健康，生活中还要遵循不少法则，简单说，这些生活中的法则要我们用心去体会和理解，理解了之后，我们的思维才会在我们主观的主导下遵循它们，就不会是停留在口头上而已。口头上相信自己是健康的和真正领会生活中健康的准则两者是有天壤之别的，有健康的想法是无法帮助我们理解这些法则的。这些法则当中的每一条都绝非是单纯有健康想法的人可以清晰透彻理解的，其中的精髓和关于健康生命力的内涵需要人们通过思维的过程去理解，除此以外，别无他法。

10. 说完健康，我们来说说聪明的问题。有些人时常感觉自己是最聪明的，不管自己什么时候面对多困难的工作都没有问题，只是不同的人对聪明这个概念的理解是不一样的，有些人的认识不足，有些人的认识就会过度。假设我们对聪明的认识不足，要是这样还觉得自己很是聪明，那大抵是没有太大问题的。也就是说，一个人对聪明的认识程度如何，那么他就有多聪明。当然有人会问，那么我们的聪明程度和所承担的工作之间是否匹配，这就是另外一码事了，是另外一个问题了。如果说一个人认为自己十分聪明，在自我认知上多少有夸大的成分，那只能说这个人在诠释聪明上过于粗糙，那他的思想也会是粗糙的，自然而然由思想所得的智慧果实也不会很精细。所以真正聪明的人是不会依靠自以为是而聪明的，只有全面理解聪明，并由此提升自己智慧的人才是真正聪明的人。

11. 我们对聪明这个词的真正看法其实就是我们对聪明的领悟和理解，它体现了我们对聪明理解的程度，也正是这种领悟决定了我们自己的聪明程度。我们思维的敏捷程度也和我们对聪明一词的认知程度有关，甚至可以说对聪明的认知直接决定了我们对敏捷的认知，也直接决定了我们的敏捷程度。一个思维十分敏捷的人，他一定是聪明的，反之也成立，尽管认为自己十分聪明，只要是思维不够敏捷，那就必须承认自己确实不够聪明。要让自己的思维变得敏捷，需要做的就是有目的地深入理解“聪明”、“智慧”，还有自己力所能及的“敏捷度”等等词汇的真正内涵。无论什么时候都不要轻易地自以为是，认为自己是很聪明的人，当然也不能妄自菲薄，恰当地认识自己是必要的。全心全意地去关注绝对的聪明，那是自己所要达到的目标，与此同时还要用心灵和灵魂的全部力量去追逐绝对的聪明，期盼自己有一天能越来越接近那目标。

12. 如果我们认为美丽是自然的流露的话，那我们都会是美丽的，不管自己是不是真的符合美丽的标准。我们的认知水平是由潜意识下的活动决定的。所以，一个人是不是美丽和他的内心有关系，只要是他内心的思想有美丽在，那么他就会美丽永驻。而内心思维很是丑陋的人就一定不会是美丽的，原因很简单，就是因为他们的内心活动远远不如那些认为美丽可以自然流露的人，因而他们的外在也就不如别人美丽，同时这些人的潜意识也不能以最完美的方式妥当安排。其实，所谓的这些活动是通过美好的思想内涵才得以顺利进行的，不是仅仅认为某人美丽就能完成的。在我们自以为自己美丽的时候，不论是看到谁都会感觉自己比他们更美丽，这种情况下实际上不是真正的美丽，因为这种想法本身就不是美丽的想法。看到他人的不足和丑陋之处并加以批评和指责，换个角度来看就是对自己的不足和丑陋的指责和批评，这些总有一天都会以自己的思想和性格的方式表现得淋漓尽致。

13. 内心世界只要被担忧、憎恶和恐惧占据了以后，那么人的性格和心灵都会因为思维的原因而变化，久而久之，整个人都会因为性格和心灵的扭曲而变坏了。那么自认为很是美丽的人并非真正美丽，反倒让自己的心灵变得更加丑恶，这种想法本身是无法净化已被污染的丑恶心灵的。对自我错误的定义只会导致内心的不安，让自己的面目变得更加可恶和丑陋，终日忧心忡忡，至于心灵净化的事情自然是不可实现的。

14. 一个人的信仰和想法是无法决定他的成败的，只有他内心世界以及内心世界的各种心理活动的质量才决定了他的成败。一个人的未来也是由他的思想决定的，并非对自己某一个方面或是某几个方面的想法而决定的。有些人看到自己的某一个方面就认为自己非常优秀，但实际上他对“优秀”这个词的理解本身就存在问题，就不一定准确。错误的理解只会使自己因为错误变得不够优秀，越来越平庸。也就是说，总是自吹自擂自己很是优秀的人通常表现都不怎样，很多人的表现都是差强人意。此外，自吹自己优秀的人还会产生很强的自负感觉，在面对周遭不幸的人们时，自负的感觉使他们始终轻视这些群体。他们自视清高看不起很多人，不料自己的生活却因此开始走下坡路。渐渐地，他们就会发现自己的情况还不如那些曾经遭遇不幸的人，或者可以说自己还不如自己曾经看不起的人。

15. 一个人想要提升自我思想水准，表现自己有多优秀，思想有多杰出，只有通过自身思维对“优秀”一词内涵真正含义认识的不断加深才行。“优秀”一词内涵中最高层次的含义是需要我们花工夫仔细去理解的，用心懂得了最高层次的优秀含义才足够加深对优秀的理解。从本质上来说，就是要用心专注地拓宽、提升和诠释“优秀”的所有概念。再以此理解对我们的人生进行全方位的规划，整理我们过往的理想和行为，以期符合我们人生的规划。另外，记住不要企图用任何标准去衡量自己的优秀程度，也不要回头望过去的自己。至于自己究竟有多优秀，自己不要轻易去下结论，不如就交给上天来裁断吧，我们要做的就是始终坚持往更高层次、更广的层面去理解“优秀”的深层含义。这么做之后我们的思想和行为都会同以往有很大的不同，只会往优秀的方面更进一步。而此时的优秀和自己最初想象和判定的优秀很不一样，那是自身全面的优秀，因为我们的思想和行为都在依据优秀的真正内涵在进行，思维也真正符合优秀的衡量标准了。

16. 上文举了很多具体的例子说明了个人的成败是由思想决定的，而且从中我们也再次清楚地明白一点，任何人的未来都和他自身的自我定位没有太大的关系，自我定位是不能决定未来的。现实当中其实还有很多具体的例子可以证明这个观点。既然说个人的未来取决于他个人的思想，人的思想有很多种，那么哪种思想才是真正决定个人未来的呢？想要功成名就，成为一个成功人士，我们要考虑的不应该是究竟要做哪些事情才能让自己到达成功的巅峰，而是要好好说服自己，让自己充分相信能做到某一些或某一类事情。究其原因，正是因为潜意识无论是在生理还是在心理上都会对我们产生自然的影响，单纯的思考是无法让我们进入潜意识领域的。说到这里，上面的观点就很好解释了，人们对自身的定位有着太多主观的色彩，这种单纯的主观想法是无法影响潜意识的，主观臆断本身对于自我的改善没有太多的益处。

17. 思考要变得有活力起来，我们就必须认真深入地去认识和理解活力这个词。如果有一个对自我活动有了无数限制和衡量的人，就没有资格去谈论活力，更没有活力可言。思想是会表现自己的，假如我们认为自己是这样的或是那样的，那么思想很快就会让我们成为这样的或是那样的，心理上也会因此受到或多或少的影响。要知道，我们自身之所以会有很多的改变，一切只因为我们种下新的“因”。只要我们能保持潜意识最初的形态，那所有在潜意识领域中的遗传倾向、习惯还有很多其他的心理方面表现也不会发生改变，即便个人有了许多空洞的想法或是看法，潜意识的固守还会让自己保持过去的模样，不会有一丝改变。

18. 我们要真正改变自我，就要从潜意识出发，深入到那些对自身条件改变起决定作用的“因”当中去，找到潜藏在心灵深处的缘由。可是要深入到自我的心灵深处，就不能总是让自己的思维停留于表面。一般来说那些只想着自己的人就很难深入进去，因为他们的思维始终停滞于表面。总而言之，要深入心灵深处的奥秘在于自己对原则的全面了解，和自己能形成什么样的看法没有关系，和自己认定自身是这样或是那样的更没有关系。我们自身的思维得以丰富的时候，必然是我们感觉真实生活十分丰富的时候。试着从精神层面去真正理解优秀、宏大、卓越等概念的深层含义，也留心身边万物的壮美，和那些肤浅的想法说再见，也学着去忘掉自己的局限、不足以及弱点。

身边万物的壮观和美妙，我们都要努力去拥有更为深入、全面的理解，渴望思维从中拓展更为无限的广度。伟大思想的奥秘就在于此，当我们拥有了伟大的思想，成功就会朝我们招手了。

19. 同样的道理，思考内容中仅有一些有益内容的人也是健康的、杰出的，有了健康向上思想内容的他们注定如此。思想内容就是有这么巨大的能量，它们可以决定人们何时拥有健康的身心，拥有了健康的思想内容和身心情况的人们就会相信力所能及的成功一定会垂青自己。我们的梦想有了潜意识作用的加入，适当地运用潜意识思维，那么梦寐以求的目标就会实现。人们的自我定位只不过是个人的看法，难免会显得肤浅乏力，因为它们无法对个人的成败产生决定性的影响。只有客观的思维方式才真正决定了一个人的个性、性格、心智乃至命运，所谓客观的思维方式是当我们放弃了个人想法，只从自身依据客观信念以及深刻感受发出的行动而在潜意识领域所产生的思想，而非主观臆断。当然还有一点我们也要清楚，潜意识的思想固然有那么大的作用，但也不是每一项源于潜意识的思想都一定是优秀的。

20. 真理是人类的思想结果，但并非每一项思想结果都是真理，所以可以说，人类的思想也不是都对自己有利，因为它们并不总是正确的。人们自身也并非都是优秀的，我们的生活有时候也无法如我们所希望的那般美好。只是我们自己可以决定自己的思想，我们要学会思考我们所期望获得的是什么。上文我们已经说了很多关于个人的思想决定个人未来、决定个人成败的内容，可见个人的未来我们可以从个人的思想内容来判断，有了积极向上的思想内容，那么他们或早或晚就会得到自己所想要的，站上自己期待已久的成功巅峰。

第八章 \ 领悟爱的定律

众所周知，一旦人们钟爱一种事物，这种事物的特质就会和人本身的特质趋于相近，那么可想而知如果我们热爱的是高尚、理想的事物，那么我们本身也就会朝着好的方向发展自我，这就是爱的定律所产生的作用。积极有效地利用爱的定律，用爱去改变自身，这才是实现理想的基本保证。

1. 如果一个人反复思考一个对象，那么他就会逐渐和这个对象产生诸多的相似之处。通常来说，我们能反复思考一个对象，那就说明这个对象一定是我们钟爱的事物，因为喜爱所以才会在思想过程中反复地琢磨，始终念念不忘。我们之所以成了现在我们的样子，就是这个原则在不断起作用。我们要不断完善自我，提升自我，让自己变得越来越好，也要依靠这条原则的作用，通过聪明灵活的运用，我们就会朝着好的方向转变，最终得以自我提高，成为我们最愿意成为的人。我们的思想除了对我们的个性、身体等等产生影响，同时我们身体中的各项特征、习惯、倾向、欲望与身体状态有关的思想品质的产生和形成也根源于此。一个个体区别于另一个个体的独特性根本原因就是思想和思想的内容，它几乎决定一个人性格、特征和状态的独特性，这些独特性的根源都是人们的思想。人个性的所有构成因素均来源于思想活动的直接或是间接的作用。

2. 知道了这个道理，我们基本上也就了解了事物变化发展的根本规律是什么。尽管这条规律是很基本的，但是可以灵活运用的，事情也会因此而不再复杂。如果不得当地运用规律来支配我们的话，我们就会处在无法预料的变化当中，时而向好的方向发展，时而就可能变成坏的，这些几乎是无法预料的。只有在有目的性的灵活聪明运用这一规律的情况下，我们才能对自己发展的方向进行有意识的控制，才能朝着好的方向转变，具体来说我们就可以尽自己所能让自己变得更好。

3. 我们每个人的心理状态和倾向都可以通过思想的力量来改变，关于这一点众人皆知。其实，我们的思想品质、能力、外貌、身体状况等等也都能通过思想的力量来改变，不过相比于前一点，这一点大家就很难接受了。实际上，每个人的身体机制的每一个环节都会因为思想发生变化，有时候的变化还非常惊人，这个事实是大家辩驳不了的，是真实存在的。生活当中，很多人常常面容憔悴，迅速衰老，他们之所以如此就是因为悲伤、担忧等情绪或是遭遇了不幸的事情而造成的。只不过人们因为看到所有人都有变老的趋势，所以大家都觉得变老是一种必然。事实上，一个八旬老翁的身体状况和健康状况并不会比一个三岁的孩子更差，年龄和衰老之间没有必然的联系。很多事实证据都充分证明，一个人衰老与否都和思维有直接的关系。每个人的思想会在他脸上表现出来，大致的思想状态都能从中看出来。只不过那种变化过快的心理状态就很难为外人所读出，因为它呈现在脸上的时间太短，没有特别清晰的心理状态表现出来，想要捕捉这其中的信息就太难。但是一旦有一种心理状态持续较长一段时间，譬如好几天、几个星期、几个月，甚至是几年，那不论是谁读着他的表情就会明白他的心理状态是什么。每人之所以有思想、个性、脾气和生活方式方面的不同，就是因为可以从他们的脸上读出思想状态的不同，也就是说，一个人的思想状态直接决定了一个人的外貌、状态和个性。

4. 既然如此，思想的性质也就会通过身体、精神和个性等方面来表现，换言之，思想活动对我们来说是十分重要的，如果我们想变得漂亮、聪明、坚强的话，就要充分利用自己的思想活动，这样一来我们的心灵生活也会因此理想许多。不过要真正做到这样并不简单，掌握、利用事物本身变化的规律是最基本的，再让事物顺着理想的方向发展。试想一下，一个生活中充满了一地鸡毛，每天只在琐碎的事情中应付的人，只要一看他的行为和外貌，我们一定会知道他就是个平凡且琐碎的人。如果突然有一天他受到了外界刺激，重拾自己曾经远大的理想和抱负，一时间生活中所有的真善美都在他脑海里涌了出来。没过多久，再去看看他就会发现他发生了非常巨大的变化，就仿佛是脱了一层皮，换了个人似的。再试想一下，如果情况相反的话，那么这个人看起来就不会是那么积极的，只会日渐忧虑、沮丧、失去活力，无论是谁一见到他就可以断定他的状况并不好，但只要有机会让他忽然时来运转的话，他的神情就会有很大的改变，会从忧虑变成心满意足的模样。此时若是让他想起了健康、积极、和谐等概念的话，他的精神头也会好不少。事物变化的基本规律通常在这种情况下就已经开始发挥作用了，只不过此时它所发挥作用的情况绝非人们有意识、有目的地去创造出来的，因为这时候的人们还未将此种规律掌握在手，只是在被动地去接受，在环境变化的暗示之下，自身被动地为规律所支配而产生变化。这样的情况通常无法延续很长时间，今天兴许变好了，但明天就有可能再退回原来的模样；有时候这个星期还算是身体健康的人，突然下一周就大病降临，卧床不起；有时候今天才播下种子的一株花，第二天就又把它的种子挖出来，种上别的花草。普通生活当中，很多人的生活方式都是如此，他们遭遇了很多变化，而这些变化都不是他们主观自主决定的，而是被动接受的，一切都不由自主，自身思想的力量几乎无法用自己的意识来控制变化的出现和方向。事实上，我们当中的每一个人都可以通过自己的意识来控制并有效地利用思想的力量，这种巨大的力量一旦被所有人都有效地运用的话，这个民族飞速发展的时代也就不远了。

5. 这一条关于事物变化的基本规律，每个人都应当牢牢把握，因为有效地运用它就可以使事物朝着我们所期待的方向发展。真正掌握这条规律要从训练自己开始，自己的喜好要自己控制，专注地喜欢我们真正想要得到的事物，我们真正热爱的事物只能是比我们现有的那些更高级、更理想、更好才行。做到上述的这些对于意志力异常坚定的人来说并不算困难，毕竟对他们来说，事物高尚、美好和理想的一面总是吸引着他们。相对而言，意志力不够坚定的人就比较难做到了，因为他们难以控制自己，所以他们要先训练自己如何控制自己的情感，最重要的是要避免低俗的、平庸的、琐碎的事物引起他们的注意。

6. 要知道，我们平常总在仰慕一些高尚的品质，时间长了这些品质就会在我们身上生根发芽，我们也会拥有这些品质。同样的，如果我们所仰慕的只是他人的平庸，慢慢地我们也会变得很平庸，只有仰慕他人身上的高贵和高尚的品质，我们才会就此成为一个高贵、高尚的人。假如我们爱上的是一个人的粗鄙时，那么就等于我们自己的规格降低了一档，也会在不久之后成为一个粗鄙的人。当然不能否认的是，身边的每个人我们都要善待他们，我们要用爱心和同情心去关心身边的所有人，不能亏待任何人，只不过对于他们身上的缺陷或是不足却不能泛滥自己的感情也去爱慕。爱一个人若只是爱某个人的外表，这是一种错误的想法，爱最基本的含义是要爱对方真实而且美好的品质，这才是爱的真正意义。一般来说，这种品质几乎所有人都具备，因此我们可以利用这种方式去专注地爱身边的所有人，这是最高尚的爱人的方式。

7. 既然说到这，那还有一个问题不容我们忽视，这个问题几乎是所有追求崇高生活品质的人都会遭遇到的。他们在日常生活当中常常有这样的感受，那便是自己的丈夫、妻子、亲戚或是朋友等这些自己身边最为亲近的人，自己反而无法感觉到爱他们。在他们眼里，这些人的步调和自己不够一致，生活的品质不够高尚，甘于过着如动物一般的平庸生活。这个问题困扰了很多人，不过我们说到这里，这个问题就很容易解决了。不论是谁，只要是平庸的品质，我们就不能泛滥自己去爱慕，更严格地来说，我们连他人的平庸都不能去承认。我们爱身边的人，就是要去爱那些在他们身上存在的真实生命力。只要我们有很强的鉴别力，就会感知到身边所有人身上都有一股真实的生命力。我们要爱其他人与生俱来的高尚品质以及巨大的潜能，而不是一个人的缺点或是错误。

8. 要做到彼此相爱，只有先从对方的利益出发，并生活在同一个世界里，这才能称得上是相亲相爱。一个意识到相爱真谛的女人如果还能提升自己到一个更高的层次的话，那么那个与她相爱的男人，也会因此得到自我提升的机会，也同样会达到和她相当的层次，否则他们两人之间的爱就无法持久，男人就无法奢望从女人那获得他想要的爱，这是很公平的。试想一下，一个生活在狭小世界中的女人，也是无法奢求获得一个拥有广阔世界男人的爱的，哪怕是他真的爱上了她，但这其实是在贬低他自己。

9. 生命无论大小，都是要向上发展的，所以违背生命存在目的的行为都是与生命向上目的背道而驰、贬低生命的行为。假如我们期待总是能和崇高、高尚、优秀的人在一起，那么就要先改变自己，让自己也成为一个高尚、优秀、伟大的人，毕竟做到这一点并不难。

10. 再回到运用事物变化基本规律这一点上来，其中最值得注意的一个因素是快乐。很显然，我们享受快乐的程度在很大程度上控制了我们，甚至在某些时候，快乐这一因素几乎起到了决定作用，它可以决定我们的命运。这么说的理由是什么？就是因为让我们感到快乐的事物通常都是我们所钟爱的事物，我们深爱它们所以才会反复去思考它们，对它们念念不忘。在这个反复思考的过程当中，我们和我们所钟爱的事物之间的品质和性质就会越来越像，彼此有了很多的相似之处，就此推理，我们和这些事物间彼此带给对方相似的品质。因此，我们理想标准中不达标的那些事物，若是纵容自己去享受它们，那必然是一件不明智的事情，就好比去结识那些我们认为很平庸、很世俗的人，这本身就不够明智。如果说我们从中享受到快乐的事物或早或晚会成为我们自己的一部分的话，那么就个人的利益来说，自甘堕落是我们决不允许的。只有当我们所享受到的快乐已经符合了我们理想的标准时，这才是符合生命向上的原则。

11. 生命中的任何一个错误、缺点、缺陷都要被忽略掉，不论是哪一个灵魂，我们要关注的都是那些能够吸引人的美好的地方。这样做才是伟大的人的做法，我们都能做得到，只不过有一点我们不要忘了，美好的心灵不能被视为是一个抽象的、没有生命活力的东西。这其中最重要的因素就是情感，上文我们虽然提到不能为情感所牵绊，但也要在不为情感所控制的情况下，把自己变成一个情感充沛的人，这是至关重要的。一颗温柔且热情的心灵是我们每个人都必备的，其次就是要有炽热的感情，炽热的情感可以深入每个人的灵魂，只要做到这一点就会感觉自己有了无形的牵引，生命中高尚、高贵和美好的东西都会引起我们的作用，我们也会对它们产生炽热而真挚的热爱之情。这样的话，所有为我们所注意到的高贵品质、高雅艺术以及伟大的文学著作我们都会很容易就对其产生爱慕之情，这些我们放开自己去自由热爱的美好事物也会因此长久地停留在我们的心间，占据我们的思想。当我们已经知道自己需要什么样的变化，而且积极努力地想去实现这些变化的时候，试着去热爱这些改变带给我们理想的变化是最佳的选择，并且这种热情是炽热的、真挚的，要做到持久且深沉地热爱着，等到一些理想都转化为可见的现实。所以说，一旦我们清楚了自己该具备什么样的品质后，就全身心地用自己的思想、灵魂和心灵去持续地热爱这些品质吧。

12. 思想的创造力会因为我们热爱生命中最伟大、高尚的品质而为我们的生命也创造出如此高尚、伟大的品质。所以我们越是爱得深沉，爱得持久的事物就越和我们自身的品质类似。这几乎已经成为了一个非常重要的定律，我们总是在它的支配之下转向好的一面。不过真要这个定律发挥其作用，爱的力量就不能总是为外界所支配。我们所钟爱的事物要唯一，要持久，不能看到什么就爱什么，或是想起什么就爱什么，爱的力量始终在我们自己的手上，它只能受我们自身意志的支配和控制。

13. 这个世界上最为伟大的力量莫过于爱。不过爱是有两面性的，有时候它可以伟大到让一个人乃至一个民族实现自我复兴，屹立不倒，甚至是盛极一时，但有时它的作用也会使一个人乃至一个民族日渐衰退，繁荣不再。通常任何一个民族的历史发展过程当中都会经历繁盛和衰退，这每一次历史的过程都由爱引起。可以说，任何的衰退都是因为错置了爱而导致的。相同的道理，只要爱得明智、进步和发展，就成为了这个民族发展的必然。这里所说的错置了爱就是因为选择了错误的爱的对象，很多时候爱的对象还匹配不上现有民族的发展水平，那么这个民族的生命力就会被迫倒流，被迫压低一个档次，那么历史的倒退也就在所难免了。相对于一般人来说，爱是一种绝对个人化的事物，他们的爱只针对自己一个人，绝对个人化的爱只会让爱变得十分局限，非常肤浅，甚至让自己在物欲横流的社会里沦为一个拜物主义者。当然还有一部分人，他们爱慕虚荣，只关注人的外在，至于人的个性、思想以及灵魂的美他们丝毫不在意。这种人的结果就会是彻底地和优秀的品质说再见，在他们身上再也找不到任何优秀的品质，而在行为举止和思想中，我们也找不到任何高尚的东西，只有那些粗鄙不堪的仍旧留存。不过不能因此就去轻易地否认那些欣赏外在美的行为，认为他们都是粗鄙不堪的。每个人都有权力去欣赏美，只要美存在，不论这种美是外在的还是内在的。生命本身是丰富多彩的，也是有各种各样的美的，人人都有权力去欣赏这些各式各样的美，内在的精彩和外在的精彩都可以成为人们欣赏的对象。我们常常说到要完整地欣赏美，事实上就包括了欣赏生命的内在美和外在美，有了这两种欣赏人生才是完整的。不过相对于外在美，思想和灵魂给予生命的内在美和精彩更值得我们关注，因为内在美比外在美更持久、更高尚。所以，如果我们想成为一个伟大的、高尚的、有理想的人，就要充分地欣赏内在美。正所谓“人如其所思”，我们想的最多的，最想得到的一定是我们最为钟爱的东西。

14. 一个人思想和灵魂的全部力量都用来热爱那些属于生命的高贵品质时，他的命运就已经迈出了开始改变的第一步，他的未来也会更加光明和美好。只要他能够持续地坚持下去的话，哪怕梦想再远大，目标再遥远都不用害怕无法实现。一个伟大的人生在最初开始的阶段，我们可以利用的规律有很多很多。不过这其中最基础的定律仍然是爱的定律，毕竟对于任何人而言，爱可以决定思想、行为、方向、目标。可以说，爱是至关重要的因素，其中最重要的一点就是要学会如何去爱。

15. 爱的力量要真正发挥出来，为我们目标的实现而奋斗，其中的奥秘就在于：生活中的每一个高尚、美好、理想的事物我们都要真挚地热爱，这份爱必须是炽热且强烈的，就好比是一股势不可当的力量贯穿始终。这样一来，我们的生命力量就会随着这份热情而发生巨大的变化，同爱所生发的力量一起，朝着最高尚、美好的目标不断前行。我们整个人，以及其他一切的一切，还有我们所处的周遭环境也会被爱和热情所感染，总在不断地变化和进步，最终的结果就是我们所希望看到的梦想成真。我们的理想最后达成所愿，我们所期待得到的结果得以满足，我们曾经梦寐以求，渴望拥有的一切都不再是我们最遥远的梦想，因为它们都会变成现实。

第九章 \ 坚信思想的巨大能量

思想的力量和潜能是无穷的，几乎已经超出了一般人的想象，只不过不是所有人都认识到了它的能量。人们常说“相信自己能行就一定行”，这是个真理，思想上认定能实现的事情，它会激活人们体内的各个器官，凝聚起力量来实现人们的远大目标。

1. 从上文的阐述中我们不得不承认一个事实，那就是“人如其所思”。人们开始关注思想的力量，并由此生发出很多奇奇怪怪的想法，其中有一个比较主要的观点是，思想的力量是控制性的，它可以控制世间的所有事物，并控制我们的命运被迫服从意志。可是，这种观点已经无数次被证明是毫无科学依据的。

2. 如果有些人相信了这种观点，并且在实践当中以思想为控制性力量的话，那么最初或许会有所成效，随后就渐渐无法成功了，结果必然是彻底的失败。那这又是为什么呢？其实这其中的理由在于，思想若是成为控制性的力量，那么我们自身就会处在一个极端不和谐的状态之下，自身的身体机制都无法和谐，那我们自身和外部环境又如何和谐呢？

3. 最初的一段时间或许会有一定的成效，这和控制性力量本身十分强大有很大的关系。在最开始的一段时间里，控制性力量强大到可以让生命的所有元素都被动地做出反应。只不过这种迫使生命各种元素都对其进行反应的做法也会在一定程度上减弱自己的力量，时间一长，它自己的力量就彻底失去了。尽管开始的时候它还在四处聚集各方的力量，但到了最后它也无法坚持，会瞬间瓦解消失。

4. 我们必须明白，思想的力量是一种建设性的力量，而不是一种控制性的力量。如果将其视为控制性的力量，我们的期待多半是无法实现的，只有把它作为建设性力量时，其作用才能真正奏效。思想的力量在建设方面具有无限的潜能，所以它能帮我们实现的期待也是无限的，当然前提是思想的力量得到合理明智地运用。

5. 总的来说，思想力量既然是一种建设性的力量，那就要充分发挥它的建设性，一定要懂得这样一个原理——“相信自己能行就一定行”，思想的力量之所以可以给我们每个人无穷的动力和潜能，就在于我们对自己有着十足的自信，相信自己什么都可以做到。绝大多数有智慧的人都认同这个原理，都充分相信自信的道理，不过认同它不等于相信它是个绝对真理。在他们眼里，自信固然十分重要，要做成任何一件事情都先要相信自己，才会使自己坚定地继续向前，只是自信除了这方面的作用外似乎再没有其他的作用了。他们显然忽略了自信的另一点作用，相信自己还能够提升我们自身的各项能力，因此可以说这个原理是个绝对的真理。

6. 这个绝对真理在应用当中有着非常巨大的潜能，所以说只要坚信它的人就一定会成就自己的未来。一般来说，有充分的自信并相信自己有能力完成某件事的时候，自己的思想就会和目标彼此相关，有关的身体器官就会被调动起来采取行动，从这一刻开始思想会为实现目标的各类器官提供源源不断的营养，供其发展，不断去增强它们的生命和能量。在思想提供的营养供给下，这些器官也会随之发展壮大，越来越强大、发达，一直到它们可以协作合力实现每个人的期待和梦想。从这一点上说，我们也有理由相信自信的人为何凡事都可以成功了。

7. 上面的描述中提到，思想总是会在一个人想要实现自己的目标，发挥自己所有的聪明才智的时候发挥作用，它的作用是通过调动与之相关的身体器官来综合起作用，激发各个器官的内在潜力，发展它们的能量，让它们逐渐活跃不断发展。其实思想对身体各器官的作用还不仅限于此，当思想的力量都集中在某一些特定的器官之上的时候，我们身体内部其他器官的力量也会在思想的作用下集中到这些器官上来。这种内外能量交叠的作用会让这些器官可以吸收更多的能量，自己的活力就会因此无限地被激发出来，同时思想的力量也会无限增大提升。一段时间的能量聚集之后，有时候是几个月，有时候是几年，人们就会感觉自己的聪明才智已经提升到了自己所需要的那个程度，足以成为一名成功的发明家。

8. 年复一年，我们都在用相同的道理让自己身体里和发明创新有关的器官不断发展，最终我们会让自己成为一个伟大的发明家或是创新人才。可想而知，若是一个原本就具有发明创造天赋的人，只要他能够合理科学地运用这个原理，相信不久他就会有很大的成就，在发明创造方面他就会有所建树。就算是那些没有太多聪明智慧的人，如果能恰当地运用这一个伟大的原理，也会激发自己这方面的能力，毕竟我们上面提到过，只要相信自己有这方面的才能，相信自己能行就一定行，那么能力的发展就会因为我们相信而得到真正发展。

9. 我们身体内部有许多器官，每个人都有着管理各项才能的器官，只不过很多时候不是所有的器官都处于活跃状态，有些器官是处在休眠状态的。所以说每个人都具备各项能力和才干，只是需要采取一些得当的方法去激活那些休眠的器官，这些能力才能活跃并得到发展。我们所需要做的其实就是在现有条件的基础上，去实现更为远大的目标，取得更伟大的成就。所以现阶段我们要先去发展我们本来就具备的那些才干和能力，激活那些休眠的能力。只有这样，我们自身的创新能力才能提升。就好比原本有着音乐才华的人相信自己在音乐上会有一定的成就，那就要集中自己思想的创造力，使其凝聚于管理音乐才华的身体器官上，自己的音乐能力就会充分发挥；相信自己在艺术方面有足够才华的人也应该如此，还有那些相信自己在文学方面很有造诣的人，应当有相信自己想写什么就能写什么的自信。只有这样他们的才华才会真正得以发展，不论是艺术还是文学，他们想做什么就能做到什么。

10. 三百六十行，不论我们在哪一个行当有着他人不可比拟的天赋，都要在知晓的那一刻起就相信自己，认定自己有这样的天赋就可以在这一行有所成就。当我们真正从事这一行当的时候，就要兢兢业业、勤勤恳恳，始终相信自己能够做到。于是自己有了自信，自己的天赋才华就能充分发挥，成功就不是奢望了。

11. 一个充满了自信的人，不管他做什么事情，一旦他放手开始去做的时候，他们就已经成功了一半。如果他还对自己坚信不移的话，那么他们是注定会成功的，而且在这条道路上他们会不断取得各种成功。只不过对于任何一个人来说，局限于一个单一的目标是不够的，既然我们相信自己的能力，那就要有更多更远大的目标，我们必须激发我们身体内部更多的器官，挖掘它们的潜能实现更为远大的目标，不过前提是我们要相信自己在这些方面也都拥有才干和能力。这样的话，我们体内的每一个器官都会被激活，它们也会在思想的作用力下越来越强大，为我们最终实现目标提供巨大的能力。同时，我们也要坚信自己的未来会越来越好。具备了这两点以后，我们就会坚定地朝着未来的方向稳步前进，目前的工作会越来越顺手，而未来的目标也不再那样遥远。

12. 其实，我们在认定自己拥有某种能力的时候，就要真正从思想灵魂的深处去真切地体会它的存在。这才是激活我们某种能力的有效做法，也才能激活我们思想的创造性能量。我们的事业能取得成就，所依靠的伟大力量就在于我们的天赋、才华和能量，这些巨大能量的源泉又在于思想的创造性能量。因此我们只要认定自己能完成某一项工作，能实现某一个目标，就下定决心去实现它，不要有丝毫怀疑，要有坚定的决心和信念，用饱满的情感和热情去激发生命当中的全部能量，用一种最坚定的方式凝聚它们，去实现我们所期待的目标。有了这些伟大的能力，何愁我们想要实现的目标无法实现，又何愁我们想做的事情做不成呢？

第十章 \ 欲望深沉的力量

欲望不是一个贬义词，它也有褒义的一面。当欲望足够深沉、强烈、迫切，而且倾注了个人全部生命和灵魂力量的时候，它不但可以调动人们全身的能量，更能够推动自我完善，用它非凡的作用力来帮助人们实现最终的梦想。

1. 欲望之所以会产生和存在，其最终的目的在于提示人们在特定的时间内的需求，以及对人们进步和变化不断追求的满足。通常要满足欲望，要实现这一目标，欲望自身的两大功能都要发挥出来：首先，欲望要为我们体内的各种力量树立一个明确的奋斗目标；此外还要激活为实现这一目标而贡献能力的各种器官。在发挥欲望的第一个功能的时候，我们身体机制的各种力量行动都会因为欲望而表现出行动上的一致，它们在欲望的促使下彼此团结，为了共同的目标而努力奋斗。解释了这些之后，我们就很容易弄清楚为何有些人一旦有了坚定、强烈的愿望，长期坚持并不断努力，最终必将实现这些愿望了。

2. 假如我们身上的每一个元素、每一分力量、每一个器官都有共同的一个目标，且能在我们坚定的信念作用下向着这个方向努力奋斗的话，那么实现这个目标是迟早的事情。我们能这么肯定地说这种话，是因为这样的结果我们可以百分之百地肯定，除非一种情况，那就是我们提出的目标是当前我们的条件几乎不可能实现的。如果有这种情况出现，那也说明我们当前就自己的条件判断失误，竟然提出了一个与我们目前生存条件如此不符的目标存在，甚至还要求自己去努力实现。哪怕是这种目标意外实现，结果对我们来说也没有多大的意义。

3. 只要是我们目前的条件可以实现的，符合当前我们生存范围之内的东西，我们提出了目标，就会有能力去实现它。换句话来说，有了明确的目标之后，我们所有的力量都会被调动起来为了实现这个目标而奋斗，得到它并非难事。要是我们对这个事物还表现出极度的渴求的话，那么全身的力量行动就都会极速地朝着这个目标的方向不断努力。

4. 欲望还有第二个功能，它的发挥是要直接进入特定的器官的。当然，不可否认的是这些器官和我们在第一个功能中提出的目标休戚相关。要是可以发挥这些器官的作用，我们的既定目标就会实现。简单说，我们所提到的欲望第一功能在于团结和聚集我们体内各种力量，并由此激发它们为了实现既定目标而奋斗。这个功能所针对的是整个身体机制，它为整个身体机制提供了特定的目标和前进的方向，还让这个目标成为整个身体机制力量发挥的唯一目标。而第二个功能的针对性相比第一个则更强，它所针对的对象是特定的，是整个身体机制中的特定元素，特别是那些与目标实现密切相关的元素，从第二个功能的角度来说，这些元素的激发就是欲望发挥其作用的最大活力所在。

5. 那么实现既定目标的过程中，欲望是怎样发挥自己的作用呢？我们再来举个例子解释一下。比如说，有一个人总觉得自己挣的钱太少不够花，于是他最大的愿望是能多赚一点钱。假设他赚钱的欲望随着时间的推移越来越强烈，身体里的每一分力量、每一个因素都因为这个欲望而蠢蠢欲动。试想一下，这样下去会有什么样的结果呢？很自然，他关于赚钱的欲望唤醒了自己身体机制当中很多原本处在休眠状态下的能量，原本就已经活跃的能量也随之更加活跃。这些被激发起来的能量能起到什么作用呢？他有了赚钱的强烈欲望，很显然这些能量最先涌入的是那些能协助他赚钱的器官当中，一点点增强这些器官的生命和能量，提高它们的工作效率。一般来说，正常人的头脑里都有一组负责个人财务状况的器官，这些器官的工作状态不一，有些人的财务器官很是发达且活跃，相反有些人则表现得非常懒散，这些器官就会比较小。两种人中的前一种赚的钱自然要比后一种多得多，积累的财富也就更多。

6. 可是这些发育得小且工作状态很懒散的器官是不是就没有机会活跃起来呢？当然不是。既然有办法让它们再活跃的话，很自然当下赚的钱不够多的人有朝一日生活也会富裕起来。要更准确地回答这个问题的话，先要回答另一个问题，我们要弄明白能让人体器官更发达、更活跃的因素是什么。这个因素就是能量，越来越多的能量，尤其是活跃的能量。

7. 有了高度活跃能量的控制，不管这个器官原本工作多懒散，多不积极，它的积极因子都会被激发出来，变得越来越活跃。要知道经过日复一日、月复一月、年复一年的激活，这些原本很是懒惰的器官吸收了新的能量、生命力之后，就会成为十分活跃的器官。发达活跃的器官比起懒散的器官自然是更容易执行好任务，完成工作。可以这么说，器官能量的不断充沛，力量的不断增强，就保证了未来的某一天能实现我们的既定目标。

8. 重新来说说我们的例子，看看我们刚才谈到的这个原理在现实生活中是如何发挥其效力的。因为这个人体内的财务器官实在太过懒散，而且还不够发达，所以他才会总觉得自己赚的钱不够花。从那时起，他赚钱的欲望愈发的强烈起来了。他想要赚钱，想要赚很多很多的钱，于是这个欲望就激活了他体内的财务器官，原本的潜能被发掘出来了，器官的所有活力元素也都跟着活跃起来。我们可以将这个过程视为是思想活动的一大定律，欲望产生后，欲望的力量会随之大量地涌入某一些特定的器官，而这些正是掌控着能使这欲望得以满足的器官。

9. 欲望所激活的还不仅限于此，它还使得整个身体机制中的各种力量都同时发挥作用，一时间关于挣钱的想法支配和控制了这个人拥有的所有力量和能量。一开始，他本人会因此显得越发的自信起来，认定自己未来可以赚到比现在多得多的钱，只不过除了这方面的想法之外，他发现自己实际的理财能力却没有得到应有的提升。再过一段时间，兴许就在几个月之后，他在工作方面有了一些新的想法，这些想法全都和推进自己的工作有关，更确切地说他开始更关注如何在工作上赚更多的钱。随之他的其他各类想法也层出不穷，这些都和他推进自己的工作的想法相呼应，例如如何通过拓展自己的事业领域来增加收入等等，每一个计划、办法、方案都在一步步成型，乃至走向完美。在这个复杂的过程当中，他整个身体机制中的财务器官也在发生着翻天覆地的变化，从以往的懒散开始变得敏锐、发达和活跃起来，他对财务问题的洞悉能力也在逐步提升。到这个阶段，他的欲望已经让他自身完善了提高收入的各项必备的条件，他所需要的就是时间，赚大钱不过就是时间问题了。

10. 简单地概括上面的过程，他先有了赚钱的迫切欲望，然后体内和赚钱有关的器官，特别是掌管财务的器官都因此被激活，随后在思想能量的注入下愈发的活跃、强大、敏锐起来。可想而知，一个强大、敏锐且活跃的身体机制比曾经懒散或是处在休眠状态下的它工作效率要出许多倍。赚钱的欲望越来越强烈的话，他的理财和赚钱能力也会随之增长，收入的增长也是相应成倍的。

11. 不可否认的是，有不少人表示并不认同我们上面提出的方法，他们认为这种方法是否有效还有待商榷。相信绝大多数的人都如同上文提到的那个人一样，希望自己赚的钱能越来越多，但是能真正如愿的人却不多。是不是因为那些没能如愿的人想赚钱的欲望都不够强烈呢？要知道不够迫切、强烈的欲望是无法让人达成所愿的，那些偶发的、不够专注的愿望最终都不能实现。唯有那些让人坚持了很长时间，且十分迫切的欲望才会让我们愿意将自己的思想和灵魂的全部力量都倾注于其中，才能最终得到实现。

12. 偶发性的欲望，即便是对身体内的某一个特定的器官能产生激活的作用，也无法彻底地使其从休眠进入完全活跃的状态，更无法调动和聚集所有身体机制内的全部力量来为自己的目标而奋斗。实际上，很多人的欲望都属于这种偶发性的欲望，没有持之以恒的决心，更不够强烈和迫切，在特定的时间里出现然后就消失，它的能量还不足以让我们全部的生命和思想的力量活跃起来。

13. 还有一点我们要知道，我们所要的结果绝不是一种力量的发挥就可以最终实现的。有时候我们的欲望非常迫切，它会为我们创造奇迹，只不过奇迹不是时时都有，通常是需要身体机制的所有力量协同合作才能完成的。欲望的力量是所有身体机制各种力量当中最为伟大的一种，只要能把欲望的力量充分发挥，再加上我们最佳的才能和欲望的力量完美结合，那么我们所期待得到的事物就不会太远。

14. 其实还有很多很多其他的例子可以举。例如我们渴望能结交很多知心的好朋友。只要我们对于交友的欲望十分强烈、迫切，而且长久以来都是这么渴求的，那我们身体机制中的每一分力量都会接收到它的影响，将友谊深深地烙在自己身体上。长此以往，我们自己就会成为友谊的化身，简单地说，就是我们在这样的影响下把自己逐渐培养成了一个称职合格的朋友，受人喜欢的朋友。这样一来，越来越多的人也就喜欢和我们交往，成为我们的好朋友。换言之，人如其所欲，人们渴望获得什么事物，就会渐渐使自己培养出和那样事物类似的品质。一旦这种相似度达到百分之百的时候，我们所想要获得的事物就会最终获得了。古话说：“物以类聚。”这话说的其实也是这个道理，千百年来它从未改变过。

15. 不少人都希望自己可以在自己所喜爱的行业上获得成功，比如有人想成为文学家，渴望自己能在文坛上有所建树。假如这份渴望十分迫切的话，那它就会成为强烈的欲望，欲望的能量就会持续地注入掌管文学发展的器官当中，让其充满生命和灵魂的能量，使其活跃起来并增强个人的能力，结果就是个人的文学造诣得到不断提升。

16. 其他行业的发展也同样如此，只要我们自身内部有了强烈的渴望获得成功的欲望之后，欲望就会将巨大的能量源源不断地注入掌管这一能力发展的器官当中，使其变得活跃起来。因此无论从事哪一个行业，都要有深沉、强烈且迫切的欲望，并且一心一意。如此说来，欲望力的作用在很大程度上决定了自身从事某一个行当能否最终获得成功。所以，无论在什么情况下，我们在对待自己的欲望时都要十分专注，不能有一点松懈。

17. 来总结一下，规则大体是这样的：第一，了解自己想要的是什么；接着，就是要投入自己全部的生命和力量去朝这个目标努力，在明确了自己的欲望之后用欲望的力量使整个生命和思想都活跃起来。无数的事实证明，后一阶段比前一阶段更为重要，我们期待的目标之所以无法实现的唯一原因其实就是缺少生命和思想的活力。关于某一个事物或是某一方面的欲望只要确定了，我们就要不懈执着地追求下去，这才是实现目标的做法。我们每一个人的欲望都会有很多个，有的人有十来个，有的人有二十几个，有的人甚至更多，数量多少其实没关系，只要是能执着坚定地走下去，我们的欲望选择都不会轻易地改变和放弃，仅有一种情况例外，除非有更高级的目标要实现需要我们付出牺牲的代价。

18. 有些人的欲望没有定性，今天想的是这个，明天很可能就换成另一个，结果没有定性的欲望让他什么都没有获得。还有些人今年想干这件事情，明年又换成那件事情，到头来什么都没干成。所以说，有欲望固然是好，但必须有个前提，就是明确自己想要的是什么，然后坚持下去。否则即使是费了九牛二虎之力得到了这样东西，可是回头一想，想不要都很困难了。

19. 要是始终没弄明白自己需要的是什么，那至少要让自己的判断力和理解力能够变得更好一些，生活也因此更平衡一些，能更进一步了解符合自己最大利益的是什么。毕竟有了这些之后，即便没有很强烈的欲望，也有一个能叫我们的身体机制保证持续正常运转的平和欲望存在，这样我们就能准确无误地了解什么是自己的最大利益了。还要注意的一点是，不要因为胆怯就不去了解自己的欲望，也不要只看到表面现象就确定自己的欲望有足够大的能力可以实现。我们为自己树立伟大的理想和目标，首先要考虑的是自己的能力。在自己的能力范围之内能实现得了的目标才是有意义的目标。当然我们在此基础上还要记住，人的能力是不断在成长的，何况更多时候我们所看到的总是比实际所具有的潜能要低很多。

20. 选择自己欲望的时候切记要树立理想，有勇气去追求这样的欲望就是最佳的情况。若是在欲望力量的作用下，我们身体机制下的所有能量都能在不断的发展过程中爆发出来的话，我们势必会拥有一股非常神奇的力量。有了这股力量，我们可以渴望去获得最好的。换个角度说，这些最好的事物也不会被我们所辜负。

21. 后面说的这一点很是重要，别忘了问问我们自己，在获得如此美好的事物时，我们应该用什么来报答这到来的美好。谁都渴望获得最美好的事物，也希望能实现自己的理想，不过仅有这样的想法是远远不够的。自我完善以期塑造完美的自我是非常必要的，完美的自我和美好的事物才能够匹配，才不至于两相辜负。

22. 所以说，无论自己要实现的是什么样的理想，都别忘了提醒自己要考虑一下在理想实现了以后我们自己应当用什么来作为报答。理想的追求非常重要，塑造一个和理想相匹配的自我也非常重要。完美的自我才足以在各个方面都和自己的理想相对应，也才能不致辜负这样的理想。

23. 假如我们的理想是获得一个完美的伴侣，那么我们需要做的除了要去寻找理想中的伴侣之外，个人品质的完善也非常重要，毕竟有了完美的自我这才能先让自己成为一个良好的伴侣。再比如我们的理想是获得一个新的环境，那首先要做的自然是倾注全部的生命和灵魂去寻找新环境，与此同时我们自身能力的提高也不容忽视，也只有自己具备了适应新环境的能力之后才能为自己找到梦想中的新环境。要是我们渴望自己能进入高级管理层，那就更需要自我的全面提升来为了这一职位而奋斗，这样一来，当我们有一天真正进入高级管理层时才不至于不能胜任。

24. 欲望的力量是异常强大的，除了能使得人们掌管相应功能的器官重新激活，拥有新的能量之外，还能让相关的思维开始警觉和敏感起来。这里就有一个事实可以证明上述的这个说法：在我们迫切地希望获知某一方面的资讯的时候，我们对此类消息就会变得非常敏感，我们的各个器官都会十分灵敏地去获取这方面的消息，于是我们就会发现似乎身边总有人或是有什么渠道在为我们提供此类消息，其实这就是思想的作用，思想在欲望的作用下让我们敏感了起来。

25. 这里说到了对信息的追求，其实不论是理想的想法、计划、机会、环境还有伴侣，只要是追求理想中的事物，这个道理都适用。那么我们既然承认了欲望可以激活各相应器官的活力和生命力并提升它们的工作效率，那么发现了欲望这个事实的人就真的是为人类做出了一个大大的贡献。

26. 不过正如我们前面所提到的那样，欲望要有巨大的能量，其本身必须是非常迫切强烈的才行。偶然产生的欲望是不具备如此大的能量的。也就是说，我们产生迫切的渴望时的欲望才能拥有上述的作用，那到底要多么迫切才算得上呢？其实很简单，只要看看这个欲望是不是已经让相应的器官获得了足够的激发，是不是已经走出了休眠期活跃了起来，是不是已经协同合作为实现欲望的目标而奋斗。大多数时候的欲望很难做到这些，它们尽管在某些程度上激活了各个器官，但是仅仅是激活，没有使其变得异常活跃，更何况还有一些欲望连激活都做不到，甚至对器官没有丝毫的影响。不过不要因为强烈的欲望会激活大量的器官就觉得这是一件十分繁重的脑力劳动，要知道重脑力劳动只会消耗自己的能量，而不是把所有的能量聚集起来实现有效的转化和利用。强烈的欲望必须是深沉的、迫切的、炽热的，它会把自己的力量朝着实现目标的方向大量喷发。

27. 迫切、深沉的欲望其实就是我们投入全身心去渴望想要获得的事物，所谓的全身心是要求有意识地去渴望某一种事物，而在潜意识当中也要与其呼应，否则就称不上是全身心投入，毕竟意识当中的潜意识是很重要的一个部分，而且是自我的组成部分。

28. 要在潜意识中把欲望从意识变成潜意识的话，那就要让潜意识也参与到欲望产生和活动的全部过程中，简单来说，我们在每一次表达自己的欲望时，都要同时考虑一下潜意识，也就是说要把潜意识和欲望二者联系起来。

29. 事实上这并不难，因为每一个能深刻感受到的心理活动都可以直接和潜意识之间发生关系，成为潜意识的一种活动，那么欲望也应该是如此，只要是深刻的欲望，都应该可以成为潜意识中的欲望。

30. 可以想见，欲望进入潜意识是非常好的一件事情。当我们开始表达欲望，也就是当欲望开始充分发挥自己的巨大能量的时候，如果可以让它的作用深入更深的潜意识，无疑它的作用将更让人惊喜。我们之所以能熟练操作某一种事物，唯一的途径就是不断地练习、不懈地努力，只有这样才能熟能生巧，至于上述的方法也是如此。这其中确实没有什么捷径可言，更没有什么需要特别去强调的规则，只要反复练习坚持不懈，一次次从最深的层次去感受自己的欲望，尽最大可能让它深入潜意识当中，并将它与相关的器官联系在一起就可以了。

31. 再举个具体的例子吧。如果我们在自己的工作方面希望做出更大的成绩，那就记住在自己每一次表达欲望的时候，都先考虑一下掌控这方面工作的器官吧。假设一个商人想要在商业上有更大的成功，那就多想想自己和经商有关的器官，如果一个音乐家想在音乐上有更高的建树，那就多考虑一下和音乐有关的器官吧。

32. 要是我们并不清楚究竟哪些器官和我们将要实现的目标有关的话，那也大可不必紧张，我们要做的就是坚持自己的欲望，坚持自己要实现的目标，一旦这样的目标非常强烈、迫切且深沉的时候，梦想就会成真。

33. 说了这么多，关于欲望的作用力以及它是如何发挥作用的，我们已经阐述得非常清楚了，大家应该都明白，只有欲望非常迫切的时候，欲望的作用力才能真正发挥出来。因此，我们大家都发现了一个关于欲望的巨大秘密，这个秘密可以用来解释生活中很多人失败和成功的原因。无数的事实都证明了一点，那就是不管一个人当下的情况如何，身处在什么样的环境之中，只要他有一个非常明确的目标，而且能全身心投入地为了这个目标而奋斗，那么他的这种强烈的欲望就一定会实现。

第十一章 \ 专注启示背后的力量

精力集中，专注于某一件事情才能使得成功有了最后的保证。一个对事专注的人才能把自己所有的力量都集中在自己正在着手做的事情之上，除此之外，专注还可以帮助人们深入到各种启示的深处去找寻那伟大的背后的力量。

1. 凡做事就要精力集中，集中注意力的目的在于我们全部的力量都要专注于我们正在做的工作，可以不夸张地说，有了专注和精力集中这把钥匙，成功之门就可以打开。很多分析都认为，失败的最直接根源在于精力分散，取得成功的根本原因就是精力集中。这种说法并不代表成功只需要精力集中即可，决定成败的因素并不只有这一个，只是它至少证明了一点，当一个人的精神涣散的时候，不论采用什么样的好方法都无法避免失败，唯有精力集中之时好方法才能起到应有的作用。所以如果我们手头正在做某一件事，那我们的全部精力就应该集中在上面，思想必须围绕着我们正在做的这件事情运转。

2. 再打个比方来说说，这样或许更容易理解精力集中的具体意义。想象一下，有一个由 20 根辐条组成的轮子，这当中的每一根辐条都是一个管子，所有 20 根管子都和通着蒸汽的大管子，也就是轮轴彼此相连。所以，蒸汽就通过这 20 根管子向外输送。我们现在把其中的一根管子连到发动机上去，也就是说 1/20 的蒸汽就被发动机所利用了，其他剩下的 19/20 的蒸汽则都通过其他管子排到了空气当中，完全浪费掉了。再设想一下，如果我们把剩下的 19 根管子的出口都堵住，那么发动机尽管只连接了一根管子，但是它所利用的就是全部的蒸汽，那么发动机的效率自然就会一下子提高 20 倍。其实，一般人的思想就好比是这样的一个轮子，所谓轮轴就是人们思想生命力最核心的地方，它会不断地释放出能量来。通常情况下，这些巨大的能量都会有多个输出管道，也就是说它通过行动进行输出的管道只不过是它众多输出管道中的一个，所以人们在行动中能够利用的思想能量都不过只有其中很小的一部分，而且十分有限。我们还要记住一点，能量的有效利用是要将所有的能量都集中到一个输出管道中去，这个时候我们就要像堵住其他的 19 个管道一样堵住我们思想的输出管道，那么我们全部的能量都会集中到我们的行为这件事情上来了。

3. 我们必须清楚，在学习如何集中注意力和精力的时候，寻常方法都是不奏效的。可以假设我们的注意力或是思想要是集中在某一个外在的事物上，这显然是不利于我们精力高度集中的。真正要做到精力集中，前提是要认识到它是一个主观的思想活动，而主观的思想活动本身又是深层次的，也就是说思想只有到了深层次之后才能集中个人精力。不过一旦我们的精力集中到了外在的某个事物的时候，例如我们的眼睛死死地盯着墙上的一个小点的时候，思想就会走向表面化，正如很多自以为是的导师所说的那样，这看似集中精力的做法实则并非是精力高度集中。要知道，我们的思想不论是受到什么措施或是思维方法的影响变得表面化之后，思想的肤浅就在所难免了。一个人的思想变得肤浅之后，就不可能再让思想进入深层次进行活动，那么缺少了深层次的思想活动之后，想要再集中精力那就非常难了。

4. 可以这么说，精力要高度集中没有了深层次的思想活动是根本进行不了的，换言之，深层次的思想活动是精力高度集中的一大必要条件。思想如果只是肤浅地停留在表面，没有深入心理层面，无法进行深层次的思考，那么它们的作用就很难发挥出来。因此要让自己的注意力高度集中的话，我们就要利用自己的意识去充分利用这两个要素，使其发挥出自己应用的作用。显然，接下来我们要谈到的这两种方法对于有效地运用这两个要素是非常有用的，它能够帮助我们把精力集中到一个我们所期望达到的理想状态。第一种方法是要训练我们的思想，要提高它们在主观世界或是心理层面的具体行动能力，简单来说，就是要深层次地将我们所有的思想、感情、思想活动、心愿、欲望深入到心理层面中去，也就是把所有我们能感知的心理活动都最大程度地深化。当我们把自己的精力都高度集中于某一个主体或是事物时，用心去深切感受，更不要忘记把自己的思想深化为更深入的情感。在心理活动逐步深化的同时，我们的注意力就会变得很从容，百分之百地集中也就不再是难事了。

5. 不管我们正在思考的是什么，我们要尝试让自己正在进行的思考真正进入思考对象的生命深处。同样的，不管我们正在注意和关注的是什么，我们也要尝试让我们的注意力和全部精力真正进入思考运动的深层当中，不能只留存在表面。简单说，当我们的注意力集中的时候，我们的思想运动就会逐步深化，只要思想运动得到了深化，那么我们的精力就很难分散开来。因此我们在做任何一件事情的时候，除了要记住集中自己的注意力之外，还要让自己的思想活动逐步深化，只有这样我们在工作中才可能倾注所有的精力，这恰好是我们所追求的目标。

6. 第二种方法则是自己要对需要全身心关注的对象产生兴趣。试想一下，任何一种事物或是物体如果需要我们集中注意力去关注它们，但我们对其并不感兴趣，那也请尽力去找一个角度让自己对它产生兴趣。在寻找的过程当中，我们会发现曾经让我们感觉无趣乏味的对象，只要我们找对角度，对它的态度就会有很大的改观。一旦有了兴趣点，我们就会发现自己对其发生了浓厚的兴趣。有了兴趣之后，我们就会同对待其他感兴趣的事物一样，精力和注意力都高度集中在它身上了，这一切的发生都很是自然。在实践当中，我们只要能够有效地结合这两种方法，使自己的精力高度集中在这些事物之上，那么所有和精神、思想有关的力量都能为自己所用实现全部的目标。

7. 在看待事物的时候，我们总是去找寻最有意思的角度，去感知思想活动本身的生命力。这么做下来的话，我们能收获很多，一来可以对我们正在思考的对象发生很强的兴趣，二来我们的思想活动也会随之主观化。有了浓厚的兴趣和思想活动的主观化这两者的完美结合之后，我们的精力自然而然就会高度集中在思考的对象身上了。在实践中不断去践行这两种方法，可以有效地提升我们集中注意力和全部精力的能力，同时我们也能自主地掌控自己的精力，让它跟随我们的意愿，想要在什么事物上集中精力就在什么事物上集中精力。要知道我们若是掌控了如此伟大的能力是一件多有意义的事情，因为从此以后我们自己体内的巨大能量就会为我们所知，我们也可以利用这种方式来聚集所有的力量用于处理目前正在做的事情。

8. 现代心理学家普遍认为，只要人们可以心往一处想，力往一处使，全部的力量凝聚起来用来处理一件事情，那不管什么事都可以做成。要是人在做事情的时候，能够自如地控制自己的精力，让精力集中在一件事情上，那劲儿往一处使就很容易办到。就算是再远大的理想抱负，只要我们有上文提到的科学的思维、建设性的心理活动，再加上高度集中的精力，要实现它们都不成问题。利用思想、精神力量还有一个十分重要的因素，即要对启示以及启示背后的力量有充分的理解。我们可以为这些启示做出这样的定义：但凡能让我们产生某种想法、观点或是情感并由此引起我们脑海中原本想法、观点或是情感产生变化的事物，都可以被定义为是启示。

9. 每个人原本脑海里都持有某一种想法或是情感，但由于接下来所看到的或是所经历的事物，这些想法或是情感就会发生改变，甚至因为变化而让原有的情感与想法荡然无存。其实这就是启示的作用对每个人思想的影响。原本有着健康向上思想和情感的我们，因为看到了不健康的画面，这种曾经积极向上的状态就会被彻底地改变，接着我们的思想就会从积极转向消极，开始走向堕落，这是启示在支配思想的结果。再比如，我们原来保有很开心、快乐的心态，但是突然有某一个场景让我们一时间想到了什么忧伤的事情，于是人就开始变得郁闷起来，快乐和开心被改变，这也是启示的作用。所以利用启示的力量就是在利用这种方式进入我们思想互动的深层，再对我们的思想状态进行改变，有了这种力量的事物就是利用了启示的作用。对于我们来说，了解这一力量如何发挥作用是非常必要的，只有这样我们才可能尽力去规避它的危害，做到趋利避害。

10. 大部分的人在生活中无论什么时候、什么地点、什么情形下都会接收到各种各样的启示，并对其中的大部分启示都会有所反馈。也就是说，大多数人的生活会因为周围的大部分启示而受到支配或影响。不过那些对思想的力量以及启示有很深刻理解的人，他们懂得了启示对自己的利害区别之后，就会敞开胸怀去迎接有利的启示，避开那些有害的启示。其实办法也不难，在我们遭遇了对自己有害的启示时，要立刻将自己的注意力和思想转移，并集中到那些能给予我们相反启示的心理状态以及思想内容上来。总之就是要在有害的启示尚未对我们的思想状态造成不利影响之前，我们有必要去坚持很多有益的想法，通过自我提示等方式来保持有益的心理状态。只要我们在实践中不断去练习这样的方法，那么就会给我们的潜意识造成一种条件反射，无时无刻都让自己保持警觉的状态，一发现有不利于自己的启示出现，就会立刻转移自己的思想。

11. 在不利于自己的启示面前，为了能让自己规避这样的危害，毕竟这种不利的启示在现实生活当中处处皆有，我们应该做的就是先让我们的思想内容充满积极、健康的想法，用有利于自己的启示来武装自己的思想，这样我们的思想就不会有多余的空间受到不利启示的侵袭了。假设我们自我感觉始终良好的话，外界再多的诱惑都不会对我们有所影响，更不用说从积极向上的状态转为消极堕落的了。我们会在潜意识当中深化这些积极向上的思想，潜意识因此被积极向上的思想所填满，那么外在的所有不利启示就不可能再有机会潜入我们的潜意识当中了。

12. 生活当中也不乏一些不会有任何结果的启示，这个我们心里很清楚，因为只要是存在于我们脑海中的想法，无一不包含着某些启示。我们在尝试让那些对自己有利的思想给自己留下印象的时候，我们的目的在于期望这些想法所包含的启示能对我们自己起作用，可是事实的真相却不如我们所希望的那样。启示要真正起作用，就需要启示背后的力量得到充分发挥。启示本身只有一种工具，一种由其他力量借以发挥自身作用的工具罢了，而这里所说的力量正是启示所能传达出的关于思想的生命力量。

13. 或许有人没法理解，那么我们就解释得更简单一些。假设一下，我们正在给自己提供这样的一个启示：我们的身体非常健康。从本质上来说，这个启示不过是搭载了我们身体很健康这一想法罢了，它就是一个工具而已。倘若我们没有发挥启示背后的力量，就是说没能从思想层面去感受这一想法的巨大内在力量的话，我们的潜意识就无法接收到来自这一想法的讯息。换个角度，同样是我们给出了启示——我们很健康，自从有了这个启示我们就深入地感受这一想法背后巨大的内在力量，于是启示背后的力量就发挥出来了。只要发挥了启示背后的力量，那么启示就不仅仅是个工具，它已经开始起作用了。

14. 再深入解释一下：就是说，当我们给自己发出启示的同时，我们也要在思想上感知启示所给出的某种强大的内在生命力，而这就是利用了启示背后的力量。一般来说，每当我们感觉到这种思想的时候，就会对启示产生一定的反应，反之没有感觉到思想的力量时则没有反应。这也就说明了为何在日常生活当中，有时候启示无法正常发挥它的作用，甚至在部分心理治疗过程中也会有相类似的问题出现。再说到上面的那个例子，我们给自己的启示是我们很健康，同时我们只要感觉到了健康这一想法本身的内在生命力，那么我们的身体机制就会因此达到一个健康的状态。换个例子来说，当我们给自己的启示是和谐的时候，只要能够感受到和谐思想内在的生命力的时候，我们的身体机制也会因此变得十分和谐；当我们给自己的启示是幸福的时候，我们会因为感觉到幸福的内在生命力而沐浴在幸福当中，那么很快我们就会感受到幸福的心理，毕竟我们都已经触及到了传递幸福启示背后的力量。

15. 当人们征求他人意见时，同样的情况之下即使是不同的两个人都有可能提出相同的建议，可是我们总是只听一个人在说什么，却对另一个人说了什么完全不予理会。这是为什么呢？因为前者是实实在在就建议本身来说的，他的思想已经完全参透了这个建议的内在生命，相比之下，后者则肤浅得多，他总是在这个建议的外围打转，对自己所提出的建议不过也只是泛泛而谈，自然无法让我们采纳了。两者的区别正是后者只是看到了建议本身，而前者则参透了建议背后的力量，我们要建议发挥真正的作用正需要参透了建议背后力量的人的说法。在人们的演讲当中这样的道理也同样在发挥着作用。一个主题演讲，如果演讲的人总是在这一主题的外围打转，没有实质性的内容，听众自然不会对此感兴趣。可是一旦内容已经深入了主题内部，谈及了这主题的内在生命，听众就会听得津津有味，而这种转变只不过是演讲者发挥了主题背后的力量罢了。有时候，我们会给身边的人提各种建议，而想让他人接受我们所提的建议，就必须先触及建议背后的力量，要不然我们的建议就会让人抛置一边，不予理会。

16. 从上面的例子当中我们可以认识到怎样去触及启示背后的力量，如何发挥它巨大的价值。要联系自己去利用启示背后的巨大力量，我们首先需要做的是学会如何深入表达每一个思想的生命。当每一个思想的生命都被我们激活的时候，它内在的力量就会因此表现出来，进而我们就可以去感受其中所包含的真理，思想自然而然也就随之活跃起来了。

17. 思想的力量如何能结出让我们感到惊喜的果实呢？我们每个人都要懂得这样一个道理，只要是世上有形的且能够运动变化的事物，它的背后势必都隐藏着一种力量，正是这力量的作用，我们的思想和心理才会有各种变化存在。假设我们能意识到的仅仅是这些想法、观点的外在形态的话，这些想法或是观点就不会产生任何实质性的作用。我们如果能深刻地触及这些思想背后的力量的话，那么这个唯一能使心理世界产生变化的因素才真正被激发出来。不论是思想还是启示，当它们所传达的不过是外在的形态的时候，就不会有实质性的结果产生，思想和启示都会是空洞乏力的，人们也不会记住这样的思想或是启示。相反，如果我们的思想传递的是蕴含深处的生命和灵魂的话，那么思想就会成为活跃的思想，有了生命和力量的填充，它就会活起来。这个时候我们就能依靠它的力量进入深层的思想世界，感受思想深处的激流涌动，去发掘最深处所蕴含的能量。

第十二章 \ 坚强的意志力

任何人都有意志力的存在，但不是谁都能明白如何正确地利用意志力的巨大作用，何况还有很多人因为各种原因削弱了自己的意志力。坚强的意志力能够帮助我们掌控自己的所有力量，同时实现自制，但前提是我们要避开纷繁复杂的外界因素，尽可能地去让自己的意志力植根于内心深处。

1. 人身体里的力量若是缺少了正确的引导就无法得以充分的运用，人体内能引导控制所有力量的因素是唯一的，那就是我们的意志力。所以，我们要充分利用这些力量就得先保证意志力的完善和发展。除此之外，还要彻底地了解意志力如何在各种情形下的运用情况，这都是利用意志力的必要条件。

2. 虽然对于意志力的本质和特殊作用我们都有了比较深的了解，可是真正要给“意志力”做一个准确的定义我们却发现没有足够大的可能，甚至几乎是不可能的。对具体的个体来说，“本我”（即“I am”）是其中最重要的原则。不过还要说明的是，意志力和“本我”是有关系的，意志力的产生必须建立在“本我”在体内的每个部分发挥其统治作用的基础之上。换句话说，

“本我”中的一种属性就是意志力。心中有明确的目标且能够付诸实践，有了恒久的决心和态度，“本我”的力量就被不知不觉地运用在这样的过程当中了。简单来说，当“本我”发起某种行为，或对既成事实的行为产生影响之后所产生的力量，那就是意志力。

3. 意志力有着多方面的作用，主要包括以下几种：创始人的意志力、指引的意志力、控制的意志力、思考的意志力、想象的意志力、欲望的意志力、行动的意志力、提出新的建议的意志力、表达所有新意见的意志力、实践目标的意志力、发挥所有力量或是才能的意志力、尽全力发挥个人天分的意志力。一般来说，最后一种意志力常常被忽略，尽管如此，它却是意志力最为重要的一个组成部分。现实生活当中若是要实现目标，它是不可或缺的。

4. 我们再具体清楚地解释一下这个问题。假设一个人有多种才能，而且在现实中这些才能都得到了不错的发展。在这些才能之外，这个人还有其他的很多本事。只是在那些已经施展了的才能之外，这些本事要怎么施展呢？意志力的作用要是不能得到很好的发挥，这些本事就难以施展。所以说要真正施展个人的才能，意志力的运用是不可或缺的。有一点要强调的是，意志力尽管非常重要，但它并非施展这些意志力的唯一因素。有些人行动缺乏魄力正是因为意志力薄弱造成的，但凡是做事情三心二意的人，才华要施展开来实在太难。如果意志力很坚强的话，发展的原动力就会增强，施展才华的过程就会变得如鱼得水，游刃有余。

5. 简单来说，如果我们正在做的事情能有强大的意志力在背后支撑的话，那无论做什么事情的能力和效率都会提升许多，甚至可以有事半功倍的作用。换句话说，在意志力的支撑之下，我们的才干会得到更充分的发挥，能提升一个档次。坚强意志力对于我们才能的提升有非常重要的作用，同时我们的个性、性情和思想也会在意志力的调动之下都能够最大限度地发挥出来。只不过坚强的意志力不等于就是专横和强权。专横和强权事实上是暴露了意志力最为薄弱的一面，一般来说专横的人都自视很高，看起来很是清高，实则没有多大的实力，可以说是“纸老虎”，一时间的强大不等于长久的坚强。而坚强的意志力首先就必须是有深度，能持久的强大，而且在品质方面还十分坚忍不拔，一旦意志力的作用被发挥出来的时候，我们顿时就会发觉自己的身上正在涌动着一股巨大的力量，长久不息。

6. 从现实研究来看，绝大多数人都不具备坚强的意志力，甚至还有一部分人的意志力几乎为零。缺乏意志力的人是不会果断地发起某件事情的，更不可能领头做什么事情。他们总是非常被动，不会主动地去掌握某种行动，只会跟在他人背后，随波逐流。相对于根本没有意志力的人，心理素质稍微好的人可能意志力会好一点，只不过那一点点并不坚强的意志力还不足以发挥作用罢了。在现实当中还有一类人，他们通常被称为“更高一级”（the better class）的人，这一类人的特别之处便是他们的意志力要比普通人高许多，发展得十分完善。从分析当中我们会发现，这一部分人不论在人生的哪个阶段都是人群中最为杰出的个体，总能有着十分突出的表现，独占鳌头。他们可以在活动中脱颖而出，是因为他们的意志力非常坚强、完善。可以这么说，古往今来只要是思想界的伟人，他们无一例外地都有坚强的意志力，这不得不说是成就他们的一个重要的秘密武器。

7. 别忘了我们上文还提过的最后一种特殊作用，我们还可以用举例的方式来解释一下它。假设我们只不过是希望提升自己到一定的高度，结果很显然不会有显著的成效。但是如果我们有了坚强的意志力，那么我们就会充分发挥自己的音乐天赋，很快就会成为一名音乐天才。所以说，坚强的意志力是一个人成为天才的支柱和基础，不论一个人有什么样的天赋，缺少了坚强的意志力，都成不了天才。

8. 单纯只有坚强的意志力还是远远无法产生显著的成效，我们必须铭记这一点。我们刚才提过，现实中绝大部分人都没有坚强的意志力，即便是有了坚强意志力的人，其中也有不少还不懂得如何通过调动它来提高效率。需要强调的是，一个人的意志力若是得到了增强，只要保证一定的练习，做事的效率就有可能提高 1/4，甚至有可能是 1/2。绝大多数人在现实中所拥有的才能和效率其实不过只是他们实际办事能力的一小部分而已，他们能够利用的仅仅就是这部分。全部的才能和效率没有能够充分利用的根本原因还是意志力不够强大。

9. 很多人都给自己立下了很明确的目标，并且他们还带着十分坚强的意志力想去实现这些目标，只可惜在实践中他们的意志力却不那么坚强。实际上，他们不缺乏思考的意志力，却在付诸实践时缺少坚强的意志力。如果一切想法都能付诸实践，那什么事情就都能攻克下来，成就事业自然也就不是难题。可是现实中，很多人做事都是虎头蛇尾，有了很好的开头，但是因为没有坚强的意志力而无法坚持到最后。所以我们最常看到的场景总是有无数的人在起跑线上，可是能坚持到终点的人却屈指可数。各行各业都有这样的人，成千上万的事实证明了拥有坚强意志力对于成事的必要性。

10. 我们已经认识到了坚强意志力的重要性，上文我们也提到了现实生活中太多人不具备坚强的意志力，那么既然明白了这一点，我们不禁要问，为何有那么多人意志力太薄弱，这是什么原因造成的呢？仔细分析的话，造成人们意志力薄弱的因素有很多，下面我们将详细来说。我们要提到的第一个因素就是酒精。众所周知，人的意志会因为酒精而削弱，饮酒人会因为酒精而受到影响，他的子子孙孙也会因此受到影响。很多专家对这个问题进行了研究，结果表明酒的历史源远流长，在人类历史中绵延了很长时间，因此古往今来有很多人都因为酒精而变得意志力薄弱了。在心理学方面，我们可以找到相关的解释。从众多民族的发展史去追根溯源的话，我们会看到任何一个民族都或多或少和酒精存在着联系。而且从众多的事例当中我们可以发现，酒精对人类意志力的削弱可以一代代地延续下去，只要是和酒精有着千丝万缕联系的民族都会因为酒精的这种遗传性的因素而受到影响。不过我们大可不必去担心这个因素的影响。毕竟这种先天的遗传不管有多么恶劣，后天的努力都可以帮助我们完全克服它的不足。话虽如此，我们还是不希望从源头上就继承到先天不利的因素。对待我们的后代同样是如此，我们也不希望他们从起点开始就有不利的遗传因素。

11. 所以我们需要从全局上进行考虑，考虑过后再做出相应的行动。意志力薄弱是可以遗传的，正因为如此，历史上思想的强者总是那样的稀缺。在人类史上，那些可遇而不可求的人们，他们总显得那么不平凡，思想异常坚定，同时还有异常坚强的意志力，所以他们的精神总那么具有感染力。而大多数的平凡人则没有自己主动的想法，只是人云亦云，有了思想巨匠的精神后他们便盲目追随。不过要知道的是这并非是自然界的本意。大自然的本意是将每一个人都缔造成有思想、有灵魂的思想巨人，而不是那盲目地随波逐流的泛泛之辈。最可惜的是人类违背了大自然的这个意愿。

12. 回到酒精和意志力的关系上，关于酒精削弱意志力的事情相信没有人不能理解。一旦我们在面对想要控制自己的欲望、感觉和意愿的物质时一再地纵容，我们的身体就会为这种物质所控制，更可怕的是我们竟然是心甘情愿地将自己的思想和灵魂交由这样一个“外来侵略者”占据，我们因此自然也就无法对自己的意志产生有效的控制。我们倘若因为有了这些“侵略者”而轻易地忽视了自己的意志的话，那意志力就很难有所增强，这和外来的“侵略者”究竟是什么没太大关系。毕竟有了它们对我们自身的掌控，我们意志力的根基就不知不觉被破坏了，原本它可以发挥的作用也很难再发挥出来。这种破坏力持续下去的话，意志力的根基就会完全被摧毁，我们的意志力因此而彻底消失也在情理之中了。

13. 可是假设在相当长的一段时间里，我们的感觉和情绪一旦为外界“侵略者”所占据，可想而知我们的身体就会对这种状态形成某种习惯。养成一种为外界事物所控制的习惯，我们自然就会变成逆来顺受的人。这时即便有意志力也不能扭转这一局面了。这样一来，我们心里原本有的许多疑问都找到了答案。譬如我们理解了为何伟大的思想者的产生总是那么稀少，他们总是人类中屈指可数的翘楚，同样也明白了为何在诱惑面前有那么多人会倒下。我们更是明白了大多数人缺乏意志力的根本原因，以及历史上即便是辉煌一时的民族也会走向衰落的原因。

14. 从历史的回顾中，我们能理解历史上没有哪个伟大的民族不是在到达了巅峰后走向衰落的。这个一再重复的重复尽管看起来很是不可思议，但也说明了在这些民族走向衰落结局的背后一定有些相似的原因存在。这其中有一个很是显著的原因，它可以称作是其他原因的源头。一个民族当中思想伟大的人越来越少，这一人群的减少注定了民族的结局走向衰落。一个民族想要始终屹立于文明的巅峰，始终不倒的话，就必须要保证有一个非常优秀的人才群体来奠定该民族文明力量的平衡。如果这种力量的重心被转移到了平凡人的身上，该民族文明的重心就会被转移，无法维持平衡，民族的衰落也就成了必然。由此我们可以得出这样的结论，一个民族想持久地国富民强，屹立于巅峰的话，就要培养众多伟大的思想者，并且始终坚持这么做。相信一个越是强大的民族，就越是需要有更多的伟大人才来支撑它，毕竟管理和引导这个民族发展力量的主角就是这些优秀的人才。因此，我们所属的民族若是希望能在文明方面再攀上一个台阶的话，那么该做什么已经显而易见了。

15. 再来说说另一个能削弱意志力的因素，一般来说我们都会将它称之为对超然的过分迷恋（Psychical excess）。过去的五十至七十五年当中，几乎所有的人都对超然有着疯狂的迷恋，就仿佛是着了魔一般。每时每刻他们都在接收着超然对他们的影响，想想这绝不是一件值得人们骄傲的事情。尽管过去的每个年代为超然的事物或是神秘事物所控制以及影响的人们也不少，但毕竟他们的理智还没有因为超然的存在而失去。从那以后人们对超然的迷信就一代代往下传，慢慢地它就演化成了削弱人们意志力的重要因素之一，而且又成为了一个遗传因素。现在我们必须明白，对超然的迷信会给我们带来多大的危害，因此无论如何也要消除这种不利的后果。不过也不用过分担心，还是上面提到过的那个原则，就算是我们遗传到了十分恶劣的因素，后天的努力也能将其全部克服。

16. 当我们在外界那些未知的或是知之甚少的力量面前很轻易地就摈弃了自己的个性的话，又或者是将自己思想、精神中的一个部分给放弃了，实际上那就是一种妥协，对未知力量的妥协，让它们很轻松地掌控了我们的意志力。我们说摧毁意志力中自制和自控的因素，无疑是从我们自己对意志力不闻不问开始的，就是它动摇了意志力的地位。过分地去依赖和迷信超然的力量，会在以下诸多事实中有明显的表现，其中最为典型的就是他们都缺乏自制能力，因为对超然经验的过分依赖和向往让他们彻底摧毁了自己的意志力。他们没有自制力，所以外界的影响在他们身上体现得格外明显，他们通常对他人的意见见风就是雨，内心很是不平静，环境的一点点变化都会带来明显的骚动。

17. 不过，我们需要再扪心自问一下，我们到底为了什么而生活。是为了要向周遭环境妥协，还是要明白自己所有的能量并掌控自己的才能呢？我们不要向周遭环境妥协，控制、改变或是改善环境都是我们可以做到的，除此之外，足够强大的自制力还可以帮助我们控制、改变或是改善自己，让我们最终成为自己期望成为的人。我们倘若想一日千里，那强大的自控能力是不可或缺的。反之，要是外界因素长期掌控着我们，那就不可能有强大的自控能力，也不会懂得如何自我控制。曾经有多少人因为迷恋超然经验而无法掌控自我，心甘情愿地把自己交给外界因素去控制，在这个过程中，他们的自我在一点点迷失。在我们的观察当中，这些失去了自我的人会变得越来越软弱，而在是非和道德的衡量上他们的标准也开始模糊不清。原本他们已然具有的一些本领和能力是可以帮助他们获得成功的，但是由于自我的迷失使得他们已经无法正确地开发这些本领和能力。丧失了这些本领和能力的他们最终不管是工作能力还是工作效率都会呈现无可挽回的倒退。

18. 假设有个人想过上自己一直梦想的生活，或者假设他希望能够自我掌控周遭的一切环境，再或者假设他想把握自己的命运，那么他都应该勇于去表达自我。无论什么样的条件之下，他都要有表达自我的魄力，并且能够直接透露出自己的计划。当然，这些假设能够成为现实的另一方面原因必须是他在生活当中能完全利用自己的意志力掌控每一个想法、打算和欲望，要不然这一切都是空谈。

19. 意志力被削弱的另一个非常关键的因素就是过分情绪化。一般情绪难以被控制，容易失控的都可以归类于过分情绪化。像是愤怒、仇恨、热情、兴奋、紧张、敏感、悲伤、失望和绝望等等的情绪要是失去了控制，那势必会对意志力产生极大的削弱作用。试想一下，一个人的所有情感在自己的体内流淌，若是不加节制的话就会肆意奔腾，结果自己的心灵就会为之所占据，这么一来，自己的意志力就会被抛弃。何况我们都知道只要是行为不受意志力约束的话就会反过来削弱意志力本身。在重重的打击之下，难以承受的人内心会变得非常脆弱，垂头丧气，失去原有的希望，意志力就会被削弱；内心被悲伤、紧张，甚至是兴奋的情绪所占据的人意志力也会变得不够坚强。只要那些极端的情绪在自己的内心深处肆意驰骋之后，意志力就会被束之高阁。所以一定要小心，不要让自己陷入过分情绪化的泥沼当中。不论是哪一种情绪都不能叫自己为它们所控制，我们的内心更需要自我掌控而避免为任何一种失控情绪所影响。当然，这并不是说就不用去在意自己的情感，我们要知道，对任何人来说，情绪都是一笔珍贵的宝藏，如果可以善待它，并充分享受它所带来的惬意的话，而不至于演化成为支配我们思想、心理和情感的因素，那它对于我们就是个难得的财富。

20. 当我们在醉心地欣赏一幅美丽的画作时，有时会让自己迷失在画作的美丽当中；当我们陶醉地聆听一首优美的曲子时，有时会在它的优美旋律当中忘掉自我；当我们在面对大自然的美景时，心情也会随之变得自由自在。在情绪能很好地为自己所控制的情况下，我们都可以随时随地快乐地享受眼前所有美好的事物。可是当我们感受到有一股强烈的情感要向自己袭来时，就要警惕这情感对自己的侵袭，应当尽可能地去引导这些情绪，让它们获得更为有益的方式来表达，这样的话就可以避免过分情绪化，也不至于让自己受到情绪的控制，而是在情绪享受当中体会到无限的乐趣。

21. 我们只要稍加注意去控制自己来自于精神的、生理的、心理的感受，合理引导它们去找到更为广阔的表达空间，无论是哪种情绪我们都能从中享受到乐趣。所以学会掌控自己的情绪是一件对我们而言有利无害的事情。

22. 第四个要提到的能够削弱意志力的因素就是心理的依赖性。一个人若是表现出对外界事物或是人有很强的依赖性，结果必然是意志力被削弱了不少。要解释这一原因并不难，在他人的意志和想法面前，我们没有提出自己的想法，而是让自己的意志处于“休眠”状态，毫无原则地去依赖他人，那自己的意志自然是得不到发展的。一般来说，意志处在“休眠”状态下就很难有发展，它会被遗忘、被放弃，从而慢慢退化。这和身体上的肌肉是一样的道理，只要一缺少锻炼，肌肉就不会再有发展。

23. 活着的目的从根本上来说就是成就自我，每个人的目标都是要充分利用自身的思想、个性和性格。要是我们只会一味软弱地依赖他人的话，我们自己的思想、个性还包括各种才能力量都得不到很好的开发。不管做什么事情都要由自己掌控，当然也要考虑和周围环境之间的和谐问题。就算是至高无上的上帝，也不要总是想着去依赖它，如何和上帝和谐相处才是我们真正要考虑的事情。

24. 尚未被开化，仍处在蒙昧阶段的人不会是最高创造力（Supreme Creative Power）所“创造”出来的作品，最高创造力创造出来的一定是一个在思想、性格和灵魂各个方面都是伟大巨匠的人。

25. 再来还有第五个削弱意志力的因素，这个因素相比于前四个来说，表现形式较为多样，比较宽泛难以细分。通常这种因素统一被称作“毫无节制”（intemperance）。生活中有一种原则是“适度原则”，“毫无节制”的人就不懂得这个原则。他们往往会在某种欲望或是嗜好当中沉溺下去，这种沉溺有时候是心理的，有时候是生理的，但都会削弱自身的意志力。爱好本身是健康的，有积极向上的欲望和爱好是很正常的，但一定要注意适度。做事一定不能过度，要懂得在各种复杂的情况下自我控制，否则就会带来物极必反的效果。意志力被削弱了之后一般都会出现许多不良的后果，这其中有两点是很值得留心的。

26. 第一点，当我们的意志力被削弱了之后，一旦有外界的诱惑，我们就很难抵挡得住，这样下去我们只会在道德上变得越来越卑微，还有可能会造成道德沦丧。从广义的角度来说，缺少坚强的意志力就会缺少个性，没有了个性什么事业都无法取得成功。

27. 第二点，当意志力被削弱，也就注定了思想力和行动力也会被削弱。一个人即便先天被赋予了很强的能力，但是一旦少了坚强的意志力，那么再强的能力也只能被开发其中的一小部分。之所以有那么多人在现实生活当中无法取得事业上的成功，究其原因还是在于缺乏坚强的意志力，以至于他们的才能无法得到彻底地发挥。实际上，只要他们能够通过适当的练习来增强自己的意志力，事业上的失败很快就会转变为成功，而且这一效果是非常显著的。在现实当中，这样的例子并不少见。有了强大的才能和本领，还需要有坚强的意志力为自己的才华提供发挥的舞台，唯有如此，自己才会在坚强的意志力的推动下登上制高点。

28. 意志力的重要性，我们在学习培养以及运用意志力的过程当中可以慢慢领悟到。要最大限度地发挥出意志力的重要作用，就先要从了解意志力的多种作用开始。意志力要坚强首先要避开一切能削弱意志力的因素，然后再尽自己所能去增强自己的意志力。自我掌控自己对于增强意志力是非常必要的，无论出现任何感觉或是欲望，都不要轻易地妥协和屈服，而是要让自己能够随心所欲地掌控它们。最好是能让自己做到想感觉什么就感觉什么，想如何掌控自己的欲望就如何掌控。当心中有了某种感受或是欲望，就一定先用自己的力量去抓住它，再用合理的方式去引导它，这才能让它越来越强烈。我们自身的官能效率要发挥到某个极致，是需要经常去调动自己的意志力，通过意志力的力量来推动提升的。工作当中一旦我们运用了我们自身的这些官能的时候，就会发现有了意志力的作用它们的效率会变得十分可观。须知，这种做法是很有价值的，不论谁只要能坚持一段时间，官能的功能和品质都会在不同程度上有所增强，此外意志力也会随之被强化，关于这一点已经被无数的事实所证明。

29. 当我们下定决心要达成某个目标，就要全身心地投入其中。只要尽力去完成一件事情，我们的意志力就会在短时间内成倍地提升。自己想要做成的事情就要全心全意地去完成，如果是自己不愿意去做的事情，那大可不必在这件事情面前妥协低头。要是感觉到自己心头浮现了一丝不快的念头，就要尽快让自己的注意力转移，去关注那些让自己开心愉快的事情，把精力都放在那些有价值的追求之上。上面所提到的这一点非常重要，因为现实生活中总是有很多人会把自己的精力耗费在很多并没有多大意义的事情上，到了自己想做的事情的时候，却没有太多的精力了，这显然是种浪费时间的做法。所以我们在面对一件事情的时候，如果心头有了一丝不快，那就先问问自己是不是想要做这样的事情，如果是想要做的，那就要尽力发挥坚强意志力的作用去做好它，并在正确的引导下让它发展壮大，如果不是，那尽快把自己的注意力转移走吧。

30. 简单地说，不同的行动会通过不同的方式进入人体，可能是思想，可能是感觉，可能是欲望，也可能是想象，但不管它们是不是通过这样的方式，都要在意志力的再次调整之下演化成为更为伟大高尚的行动。当我们思考的时候，就要将我们的注意力全部集中，切忌三心二意，只能一心一意。当我们行动的时候，就要全力付出，并保证坚定的信念，切忌犹犹豫豫。换句话来说，任何我们的所思所想都要有全部精力的付出。有了这样的做法之后，如何运用意志力的关键才真正掌握在我们手中，而当它们的作用被充分发挥之后，意志力的增强和发展才有了可能。

31. 心理活动和思想不能总是停留在表面，它们需要深入地去思考，因此深化我们的心理和思想就显得十分重要了。只有深刻思考后的心理活动和思想才能够让思想和行动变得有深度，意志力的行动也会由此变得坚定，深深地扎根于我们的个性当中，而不是只能留存在主观思想的最表层。

32. 日常生活当中我们很容易发现那些留存于表层的意志和深深扎根于个性当中的意志力之间的区别。一个人在决定做某件事情的时候，若是其他人的想法也会左右他的决定，很明显这是个意志力薄弱的人，他的意志力还只是留存在主观思想的表层。相反一个下定了决心的人，身边的人再怎么说也无法动摇他的决心，那就表明他的意志力已经深深扎根于他的个性当中了。意志力薄弱的人就容易受到外界的干扰，而拥有坚强意志力的人在外界干扰之下也不会轻易动摇自己的想法。一个人想要提高意志力的话，就要从心底最深处自发地训练自己的自制能力，不要因为外界的干扰而改变自己的想法，最好以旁观者的心态去看待外界的意见，就不会为之所困扰。

33. 在自我培养意志力的过程中，尽可能地要让自己深入挖掘，好让意志力能深深扎根于个性中。简单地说，意志力要成为个性的一个部分，而不是留存在主观思想的最表层。尝试让自己感受一下，用内心的“本我”训练自己的意志力。要实现自制力，就要让“本我”永恒地占据最重要的位置。只有当这种让人亢奋的力量在自己的内心深处持久地存在时，我们的意志力才能越来越深入地进入我们的个性，慢慢变成思想的最高法则。这时候我们的意志力也在不断地变强，在它的帮助之下我们能实现对真实自我的有效控制，而个体所有的力量也可以在自己有意识的掌控之下。

第十三章 \ 清除障碍培养伟大思想

伟大的思想来源于自我提升和自我培养，绝非是生理学上的遗传。因此即便没有良好的天赋也请记住，后天的努力同样可以让自己拥有伟大的思想。只不过在培养的过程中总有很多障碍会阻挡培养的进程，认清它们的本质并避开它们是培养伟大的思想必须具备的前提。

1. 请记住，父辈是不会将伟大的思想遗传给我们的，凡是伟大的思想都来自于生活当中，而且都是自身思想和行动的经验得来的。要具备这种伟大的思想并不难，无论是谁只要能理解了上述培养思想的技巧都可能具备。兴许当下我们的思想还不是那么完美，并且祖祖辈辈也都没有这种伟大思想的先例，但只要懂得了科学的方法，再将其用于培养我们的思想，那么自然就能产生伟大的思想，况且这些方法对谁都奏效。

2. 可是要培养我们具备伟大的思想，还有两个障碍需要清除，其中的一个就是现在广为人知的遗传说法。事实上，父辈确实会遗传给我们很多素质，这一点从科学上已经得到了印证。不过，如果因此就说我们无法超越自己的父辈，那就大错特错了。一个人假设因为自己的父辈都不曾拥有伟大的思想便认定自己也不可能会有，那无疑就给自己的发展人为地设下了一个障碍，他即便是有再强大的能力都不会超越自己在潜意识当中给自己设下的目标了。此外，若是一个人看到了自己的父辈曾经创造了巨大的辉煌因此才有了信心，认为自己也能有如此巨大的成就，那多半这个人最后都会一事无成。毕竟他所谓的成功是把所有希望都寄托在了父辈的遗传之上了，而真正的努力却始终没有付出。

3. 血缘的作用不是一点都没有，就单纯从志向、经历和所从事的事业本身来说，用血缘来解释还是有一定说服力的。可是期望能从伟大的父辈那里继承到伟大的成就，这显然是不太可能的，就算是再近的血缘关系要实现这一点都很有难度。父辈可以遗传给我们众多优良的素质，可是如果我们不好好地去发展利用它们的话，这些素质也难以提升发展。我们要想取得如伟大的父辈一般的成就，就不能总是期望从父辈的遗传中获得，因为我们的成功和父辈的能力无关，它只取决于我们自己的表现。出身名门的人自然在天赋方面有一定的优势，因此他们在自我塑造方面有了一部分的优越条件。当然这不代表那些没有这些优势的人就不会取得成功，这些人大可不必因此垂头丧气，只要有后天的努力一样可以为自己创造优良的条件。

4. 事实上父辈成不成功和我们的成功几乎没有关联，所以我们不能把自己的注意力放在这件事情上。当我们具备了某些优秀的素质时，好好地去利用它就可以获得成功。就算是自己先天不具备这些素质，那么后天的努力也能弥补这一缺憾。不论是谁都要坚定地相信，后天的努力可以帮助自己实现成功的愿望，成为自己最想成为的那种人物。即使是遗传让我们有了一些不太好的习性，要相信那不过是因为能力偏差而造成的。用正确的方式来引导自己的能量，慢慢地这些不好的习性就会发生转变，也会为我们发展前进提供必要的动力。

5. 在日常生活当中常常会有这么一类人，他们有很高的天赋，先天条件非常优秀，但是总是缺乏某种自信，不相信自己能在某一方面有所成就，原因就是自己的父辈并不曾在这个方面取得过相应的成就。其实要解释这个问题很简单，假设他们的父辈中确实有很多人在这方面很有成就，那么父辈的能力和才华又是来自于什么地方呢？如果说我们的才华是父辈遗传下来的，那么第一个具有这样才华的人他的遗传又来自于哪里呢？一定要给每个人的成就找一个源头的话，那只能是我们自己。我们的父辈在他们的时代能够创造的成就，我们在我们所处的时代也可以实现。上面提到的如果认定父辈没有取得过成就，自己就无法有所成就的观念实在是荒谬可笑，因为这个想法没有任何科学依据。实际上，有不少很努力且天资聪颖的人就因为有了这种想法而让自己的成就受到了局限。

6. 说到这里如果你还是觉得遗传中的不利因素会给自己造成影响，自己还是会因此而无法成就的话，那么接下来我们要说到的思想培养就将会更加让你感到折腾难受。其实这么想的话结果是显而易见的，你一定是不会有任何成就的结果，不会有一丝进步，只会落在人后。一直到你可以意识到自己能否成功的的确确是取决于自身能力，而不是自己原本认为的遗传因素的时候，你的学习和工作才能上一个新台阶。只要能够坚定地相信自己可以在生活、思考和行动中做得越来越好，且总是在这过程中坚持这一信仰的话，那么学习和工作都会如我们所愿。有了这样越来越好的情形后，你一切的能力和精力得到发展就成了必然，要知道培养思想的过程就可以是生活本身。

7. 就此我们真的能够判定即便是某一个人父辈中并没有过任何伟大的思想巨匠，这个人也不必为此灰心，只要他经过后天的努力一样也能成为伟大的思想巨匠。古往今来太多的思想家对此都表示了认可。不过还有个问题，即便是一个天资很是聪颖的人，周遭的人们对他却一点不抱希望，那这个人也很难成为伟大的思想巨匠。这就是培养思想的第二大障碍。这一障碍在成就自我的过程中是必须清除的。现实生活中心态自卑的人绝大多数是由于自己想到“普通人什么都不是”而感到无比自卑的。不过在心理学界的研究成果看来，这个世界上是不存在完全一无是处的人的。其实任何一种思想都有可能成为伟大的思想，它们有着同等的概率，只不过大多数时候这些概率都为其他思想所霸占。

8. 思想的伟大和平凡之间并没有太大差异，仅仅有细微的区别，说白了就是伟大的思想能用伟大的可能演化为行动上的积极性，相反平凡的思想就会自我抹杀掉伟大的可能性，从而促成行动上的惰性。假设我们相信有个人是一无是处的，那这和我们上面提到的人类存在的本质之间就不符了。毕竟每一个个体的存在都有和其他个体不同之处。兴许他的行为还不足以显示这种不同，也兴许他的思想也称不上伟大，但是他身上一定存在着某种可能的伟大。在他的思想里必然有某种天分存在，这是每个人头脑里都具备的，只不过因为平凡的思想，很多人的这种可能由于惰性而没有被激发出来罢了。

9. 在孩子的教育上，我们会用谆谆教诲的方式去给他们传输这样的一个真理，即每个人潜意识的可能性都是无限的。这些可能性都要通过科学手段来发掘出来，只要具备了这条件之后，我们都能成为我们理想中的人物。一个民族若每一个人都能这样做的话，那么它就为自己成为伟大民族奠定了基础。这种可能其实不必再去等待，现在就有实现的机会。当下每一个人都可以从现在开始为自己的头脑充电，运用这一真理凡事就可以继续下去，生生不息。

10. 培养思想的两大障碍上文都已经提到过了，清除了这两大障碍之后，我们就可以从此树立起对自身有无限可能性的信念，就此以后要成为我们理想中的人物就不难了，而且在此基础上我们还可以继续培养伟大的思想。培养伟大的思想本身是一项很伟大的工程，要彻底完成它需从根本上记住两个重要的因素：一个是广度（scope）,另一个是聪明度（brilliancy)。这两个因素缺一不可。很明显，缺少聪明度的人即便是广度够广，思想也不存在有用的价值。所以，能够同时具有包容一切的广度和透视一切的聪明度才能成就伟大的思想。至少包容一切可以说明思想的广度很是广阔，而透视一切也证明了聪明度实在不凡。

11. 伟大的思想必须能包容一切，那么要真正把自己的思想培养成有广阔的广度，必须让自身的每一个行动都向着超越一切的目标而细心努力。可是很多时候我们会感觉自己的思想很受限，原因就在于自己的思想已然为某一件事情所控制，当这种欲望或感觉出现了之后，我们就很难拥有思想的广度。无论如何，我们行动的范围从博爱、支持或是动机等多方面都必须表现出广泛的一面。试想一下，一个人散播出去的爱仅仅局限在一小部分人的身上，那能得到爱的回报也就非常有限。相同的，如果我们所支持的对象不够广泛，仅限于某一小撮人，那我们行动的收效也不够明显。很自私地只为自己而活的人，思想无一例外地也会是自私的。因此我们必须培养伟大思想，这样才能让我们的感情和行动都充分到位，这是成为一个伟大的思想巨匠必备的条件。

12. 思想要超越极限首先要做到让自己所有的思想力能无止尽地向每一个方向的边缘蔓延和伸展。只要做到了这一点，思想的动力就会因此产生超越的可能性。思想的广度要拓展，必须让意识在正确的方向上发散发展，从而去避开在培养过程当中可能出现的各种障碍。不过思想的局限本身就会带来不少的障碍，所以思想全面到位的发展才有可能避免一切障碍的出现。

13. 爱的能力确确实实存在于每个人的思想当中，但是不是存在就全面，所以我们要做的还必须是将这种爱的能力充分全面化。换句话说，爱的拓展就是要有大爱无疆的意识。只要存在一定的可能，我们都不能放弃让思想全面到位地拓展开去。因为在我们脑海里思想的广度是我们坚定的信念，这也是它们可以向四面八方全面拓展和延伸的基础。每天都要尽可能地用进步去满足思想的需求，因为思想必须是持续发展的。举个例子来说说看，两个人之间的感情其实就是如此，特别是恋人间的关系。两个人能够相爱，首先要两者都有爱的能力，其次这种爱的感觉要能持续且日益升温，这才是恋人关系长久的基础。爱得深的人，彼此眼中的对方就显得越完美。因为两情相悦，所以恋人才同其他人有诸多的不同，这种想法会随着爱的加深而变得强烈。

14. 爱人之间都会时常对对方的本性发出赞叹，也就因为如此，两者之间的爱情就有可能持续下去，并且彼此许诺天长地久。由此我们发现，个人的发展是在意识到对方眼里自己的形象而不断发展的，看到他人眼中自己的形象而有所提高。所以从这个角度上来说，越是相爱的两个人，就越会感知到对方的可爱之处。两者之间的思想更会因此而表现出广阔的包容度。因为爱有包容一切的可能，有了爱的包容，思想也会越发的包容起来，毕竟爱是思想中最为伟大的力量，没有哪种力量能比得上它。

15. 和恋人之间的爱一样，亲子间的爱也能有全面程度的发展。父母都爱孩子，孩子的所有父母都爱，不单是孩子那实实在在的性格，还有他们那充满稚气的好奇心态。相对应的，孩子也爱自己的父母，包括父母所有的一切。这也解释了为什么始终有一颗童心的人生活会那样的无拘无束，甚至看起来十分完美和理想化。父母和孩子若是能一样保持童心的话，那彼此间的亲子关系就会更进一层，那份深深的无可抗拒的爱就会在亲子关系中默默产生。

16. 这里提到的爱不单只是爱人之间的爱，也不只是亲子间的爱，它不是特指任何一种对象的爱，而是超越所有有形对象的所有感情，可以是对未来某些事物的期待，也可以是对幻想中某些事物的热爱。对所有事物的爱可以拓宽我们思想的广度，这是众所周知的事实。如果这份爱很是强烈的话，爱就会激发思想中的全部因素。不过，不能因为这个方法，我们就指望自己对某个人的爱能少一点。其实，我们要依照这种方法去无限延伸地爱周围的人，并且多爱他们一点，原因是我们必须清楚地认识到周围的这些人其实就是被称为美丽心灵的代表，与他们之间的爱可以让这个人成为与我们心灵交流的人，并满足我们的渴望。

17. 每一份爱都可以同上面所说的那样变得很有包容度，很多人认为友情相比于其他情感总有很大的局限，实际上友情也是可以变得很包容，甚至没有边界。一旦友情上升到了这种境界后，身边的每个朋友在自己眼中都有带有闪亮的发光点，值得自己一再欣赏。友情有了广阔的包容度之后，朋友之间除了发现自己外，还能相互发现，而且相互间还能挖掘出友情的全新解释，这就是两者之间发现对方身上惊喜的根本原因。包容也可以从理解和支持中获得，换句话说，支持大多数人，而放弃支持少数人，可以让自己和大多数人的友情更有包容度。要知道，少数人的凝聚可以形成多数人，在大多数人思想的支持下，我们的思想才能伟大起来。

18. 不管是哪一种思想活动都会在目标、目标和动机方面占据一大部分空间，与此同时，目标本身带有的局限性几乎是可以有无限持续的可能。要培养伟大的思想，消除这些持续的局限性是很必要的，原因在于思维的每一项活动的目标都是要拓展自身的范围。要在行动中凸显每一个目标或是目的在行为中的全面性，我们就必须让思维从它的性质、范围等多方面进行超越，无论事情是什么。若我们的思想被局限在了一个特定的范围内，思维活动也无法突破这个局限。要是我们对现状仍然十分不满意，还决定要跨越自己目前的状况，那我们必须制定比现在更为远大的目标才行，只有这样我们才能因此获得比现在更为丰厚的回报，到这时候我们也就超越了原有的局限，从现有的目标和目的中超越出来。因此，满足当前目标所有要求的事情以外，我们还要多多拓展自己的眼界，让自己从当下的目标中走出来，看得更远一些，更久一些。

19. 我们的生活目的不管如何，每个人都要给自己确立一个清晰的奋斗目标，可是又不能为目标局限住自己。对于这一原则，我们的信念是我们的目标不仅仅是当下的目标，还应该是更为远大，甚至是无法看到终点的终极目标。要是在脑海里把自己的目标给局限在一定的范围中的话，我们拥有的全部创造力都无法无止尽地发挥出来，它们也会因此被圈定在眼前的特定范围中，它们的实际能力也会因为被固化了而无法发挥出无限的创造力，创造力的能量也会随之锐减很多倍。要是我们的目标被视为是相当广阔远大的话，那么创造力就不会被固化在固定的范围中，能够朝着我们的终极目标而爆发出自己全部的能量。创造力在这样的情况下把有限化为无限，那么我们的思想随时随地都能超越。

20. 关于欲望也是如此，我们不能局限自己的目标，更不能局限自己的欲望。欲望是思想活动中能够最为深刻地影响个人命运的部分，其他的思维活动基本上都达不到这个效果。如果有了微小或是邪恶的欲望，个体就会因此走上歧途，个人生活的各方面也会越来越糟糕。如果能将欲望转化成积极向上的话，那么个体的生活也会因此扭转乾坤，不再那么糟糕。实际生活当中，欲望若是没有局限，开始不断广泛展开的话，那么我们的成长和发展都会因为这些积极向上的欲望而逐渐向上。要让我们的生活有更无限的广度，消除这些欲望本身的局限有着不可替代的作用。可以说，欲望的改变也是至关重要的事情之一。

21. 我们的目标的广度要拓宽，并且借由这目标得到更多的发展。自我发展是必要的条件，人生过程中要不断提升和发展自我来实现这一目标。基于此目的，我们了解了欲望并产生了行动。要让我们的每一项行动都有一定的提高，就必须自我克制那些对实现自我无益的欲望。欲望在经过改善之后能更有利于自身发展，因此也不要太过分压抑自己的欲望，不必为了发展就压抑自己的欲望。当我们思想中为了实现某个目标总涌动着强烈的力量时，内心的欲望几乎所有都在朝着这个方向努力奋斗，我们所拥有的创造力也会爆发出自己全部的力量为了实现目标而贡献自己的能量，一切都为了能培养出伟大的思想。

22. 当我们试图将自己的思想和行动的广度都拓展开来的话，它们就会无限制地向四面八方拓展开来，这几乎已经成为了一个公理。说完了这个公理，我们也就讲完了培养伟大思想的第一要素，即广度问题已被我们解释清楚。再来说第二个要素，也就是聪明度的问题。聪明度要说明的就是我们的思维活动都必须尽善尽美才行。再解释得详细一些，就是说思维活动的振动频率都要尽可能地达到一个高度。聪明度是指要看透一切，只有思想发散出敏感的射线才能做到这一点。须知，思想行动的每一次振动都会带来思想光芒的呈现，前提是这些行动必须足够高尚才可以。

23. 有了思想才有智慧光芒的闪现。智慧的力量是随着人的聪明度的增强而提高的，越是聪明的人，就越会拥有强大的智慧力量，拥有愈发敏锐的辨别力、理解力和其他一系列能力，当然为人的天分也就越高。智慧的光芒在思想中绽放出来，因为如此，创造智慧的思想力也逐渐增强。一旦我们所有的精力都集中在了对智慧的理解上的时候，我们的头脑就会开始灵活起来，思维活动中的每一分力量也跟着开始活跃。事物中美好的一面是值得我们去发现的，而黑暗的一面也是我们同时需要忽略和摈弃的。我们应该用最为积极的、令人鼓舞万分的想法去替代思想中那些罪恶的、令人沮丧的想法，只有当思想全部集中在意识最为积极、闪光的那一面上时，这才能办到。所以说，思想和智慧之间有着千丝万缕的联系，有了各方面都保持高尚状态的思想，人才会充满了智慧。

24. 保证了足够的创造力足以让思想的振动始终处在高频率的状态下，同时还要保证让创造力全部都投入这些思想振动的服务中去。这个时候我们需要的其实就是让它们所产生的巨大能量尽可能地保存在自己体内，尽管人体一天所产生的能量非常巨大。因此，这些能量在产生和转化为思想动力的过程中，提高思想能力的能力就会盈满这个思想。可以这么概括，在强烈欲望的激活之下，思想的智慧是无穷的，只会在这一过程中持续提升自己的智慧。正因为有了这方面的规律，我们才能如此坚定地期待和利用它们去发挥作用。

第十四章 \ 塑造完美性格

俗话说："性格决定命运。"完美的性格能够让自己持久地为了理想和目标而坚持不懈地奋斗，反之性格上有缺陷的人，总是伴随着消极的思想，缺乏自信，见异思迁等负能量的情形。完美性格的塑造才是坚强意志力的重要前提。

1. 生活中的所有因素本质上都是美好的，因此行动所产生的结果也应该是美好的。只不过这一切都有个重要的前提，要得到美好的结果行为本身要接受到正确的指引。若是我们的行为没有正确方向的引导的话，美好就不会出现，相反就会有罪恶的结果发生，这便是人生中的错误。生活中纵然所有因素都是美好的，但是歪曲滥用正确因素也会产生错误。所以一个人要避免犯错误，就要学会合理地运用自己的能力以及自己力所能及范围中的全部积极因素。

2. 歪曲滥用积极的因素原因有很多，有的是因为不了解事物本身而造成的，有的是由于意志力的缺乏而造成的，还有的时候是两个因素皆有。一个经常在生活当中犯错误的人，就是因为他对这世界上的因素并不全然了解，所以他在做事情的时候就会做得一团糟，当然如果他身边有一个能理解一切的智者帮忙的话，或许能减少不少错误。伟大的思想者的指导很有必要，但是单凭这个指导还无法产生最佳的结果。一个人的行为方式和目的都很是简单明了的时候，伟大思想者的指导才能真正奏效，在某种程度上达到目的。可是如果想更进一步地有所突破的话，个人行为必然更为复杂，行为者也就必须先掌握生活的原则。掌握了生活的原则，他们不再对他人表现出过分的依赖性，反倒是很依赖自己。所以我们才说，伟大思想者的指引固然必要，但最终学会这种思想的指引才是最重要的。普通人一定不能让自己过分依赖他人，不能始终处在蒙昧的状态中，每个人的素质都要尽可能提高，最后让自己能脱离他人的指引和帮助自食其力。

3. 强者总是期望能够帮助弱者走出孱弱的现状，提高自己的能力，并能够脱离强者的指引和帮助。我们希望这世界上大部分人都能成为强者，都能自我独立，于是我们的目标就是不断地培养强者。每个人都经历了从小到大，从童年到成年的成长过程，总是一步步走向成功和未来的。假设一个人的梦想就是成为一名强者，那么他的童年时期就不一定会有很长时间，他也不希望有那么长时间，毕竟他想尽早独立，摆脱他人的帮助。

4. 一般来说，对规则非常熟悉的人都常常会给不了解规则的人提出相应的建议，例如什么应该做，什么不应该做。有了这方面的建议后，不了解规则的人才会避免走很多弯路和犯常识性的错误。可是事实上，不是所有的常识性错误都可以通过这种方式来避免，毕竟每个人的生活方式不尽相同，只有在对生活规律有了一定程度了解的情况下听取他人的建议才是有效的。若是不了解生活规律的人，再有效的建议对他都不起什么作用。就算是有强者在他们身边给他们提出建设性的意见，还是不能保证他们不犯错。而对生活规律有了充分了解的人，他们内心就对生活有了自信，因此他们不会像其他人那样随意地就去征询强者的意见，或是随意行事。可以说，每个人都要对生活的规律多一些了解，只有这样才是避免自己出错的根本。当然这仅仅是一个必要因素，还有另外一个。

5. 任何人只要是可以进一步了解生活规则，其实就是为自己创造了摆脱束缚，赢得自由的条件。众所周知，了解了真理，谁都可以因此变得更为自由。问题是这个道理其实绝大多数犯错误的人他们也明白，甚至比其他人了解得更透彻，但他们还是屡次犯错。这又是为什么呢？很简单，他们的性格过于软弱。性格软弱的人一般的表现就是自己想做某件事情，但始终没有做到。当然那些表现出表里不一的人，性格上也有很大的缺陷。是性格原因造成了这些错误，性格让自己没能做到自己理想当中的完美、优秀和理想的形象，同样也是性格让那个自己缺乏完成某一件事情的自信，一切失败都来源于性格因素。性格正是引导思想的主导，软弱的性格也会给自己的思想带来严重的误导，导致严重错误的产生。一旦我们发现自己原本可以完成的事情没能完美地完成，那就说明自己被误导了。

6. 只要我们认定了自己可以完成某件事情，那就一定能完成。若是没能顺利地完成的话，那就说明有关的能量受到了或多或少的误导。在外界的影响之下，我们做了自己原本并不愿意做的事情，这就暴露了自己性格不够坚强的一面；此外，环境、局势或是条件的变化也会对自己有所影响，那么也同样揭示了自己性格软弱的问题。拥有坚强个性的人是不会让自己受到外界影响而违背自己意愿的。环境、条件等等对他们无法产生太多的影响和干扰，他们也不会因为外界的变化而情绪低落、暴躁不已或是失落伤心。即便是有人对他们表示不满，甚至是羞辱，他们仍旧坚持自己，也不愿浪费时间去和这些狭隘的人斤斤计较，他们是可以克服各种困难的，包括那些不够理智的想法。

7. 性格上有不足的人，总是会暴露出比较激进、刻薄且处处与人为敌的不良特质。相比之下，性格比较完美的人则显得思想比较平和，也相对随和，不会随意批评他人，更不会私下里谈论他人的缺陷，这一切都表现出了一个性格完美的人的样子。性格坚强的人也不是全然没有缺点，只不过他们懂得自己好的一面，并尽力去发展自己好的部分。他们比性格不好的人更明白一个道理：光明来了，黑暗自然而然就消失了。所以在黑暗来临时，他们还是表现得非常淡定，绝不会因此就垂头丧气。如果在黑暗面前表现得忧心忡忡，那就说明性格上有很大不足，需要培养自己坚强的性格。同样的道理，在命运面前对困难妥协，或是向失败投降，抑或是在逆境中难以爬起来，那就说明锻炼自己的时候到了，是该为自己培养坚强的个性了。

8. 从现实的情况来看，一般脾气大的人性格都比较糟糕，这几乎已经成为了一个不争的事实。要知道愤怒会给人们带来负能量，甚至给人误导，性格的作用恰好就是要合理恰当地引导全部能量，一旦误导结果就不堪设想了。所以我们要为自己培养好的性格，自然糟糕的脾气就会渐渐消失了。正是性格的缺陷导致了人们性格、思想易变，常常主观臆断，还喜新厌旧。而坚强的个性是会逐步产生变化的，甚至每一步都走得十分踏实，因为有了深思熟虑一切都显得井然有序。越是自立的人性格就越完美，越能做到真正的自我，个性也显得越坚强。

9. 做真正的自己，力求完美，这是学会做自己的基本要求，能够做自己，才能培养自己的性格。性格软弱的人总是比其他人更在意自己的缺陷和不足，因为软弱会误导人们。而性格坚强的人看到的就是自己的优点，能想到的也都是自己做得很完美的事情，唯有这种做法才真正是美好的，因为坚强的性格能修正自己，协助自己看到未来美好的一切。

10. 普通人眼里的性格在生活中并不扮演着重要的角色，因为对于许多宗教神学的思想来说，性格不是决定人们生活幸福不幸福的关键点，反倒是能不能真心忏悔才是最重要的。因此人们在很长的一段时间里就不太重视性格的作用。可是现在我们必须认识到性格的重要性，不论我们的做法是对还是错其实都是性格在起作用，之所以会有错误就是因为性格方面存在不足而形成的。我们必须重视性格培养这件事情，就从现在开始。

11. 人世间的所有几乎都可以为性格的力量所引导，性格的力量更是可以在人们做任何事过程中起到指导的作用。不管谈论的问题是什么，都会或多或少地牵涉到性格问题，它几乎是一个绕不开的话题。性格会让我们的生活生机勃勃，丰富多彩。我们的天赋和特长也在它的作用下发挥着，它决定了发挥的程度如何。所以说，性格良好的人能够让自己受益，同时还能帮助他人，只因为良好的性格培养将他们最正面的能量加以正确的利用。坚定性格的人除了可以发挥他们个人的作用以外，危急的时候他们也始终非常清醒，不会因为外界的影响犯错误或因为外界的诱惑而堕落。在任何一种障碍的面前，他们更是十分坚定地发挥自己的能力。不排除他们也会走些弯路，不过只要是能朝着自己的目标坚定地走下去，最终是能够赢得胜利的。

12. 新的一年来到，不少人都会为自己定下新年计划，为自己树立更高更远的目标，以期获得更好的成绩。通常一开始他们都能很坚定地为了这目标奋斗，随后很快他们就放松对自己的要求了。在外界和周围众多的诱惑之下，他们受到了迷惑所以很快就懈怠了。他们缺少的正是毅力，不能持之以恒地坚持到目标实现。事实上最明智的做法自然是根据时间的变化而改变计划。但是如果只要是环境有一点风吹草动就随意地放弃自己的计划，那就不是明智了，而是缺乏耐力和意志力的表现。环境的改变不代表人们就要随波逐流，随波逐流的人只会是在漂泊中过日子，甚至有可能因为环境的变化而酿成错误。周遭环境的变化是他们无法掌控的，他们对所有事物都手足无措，因此做不成事情便也在情理之中了。

13. 其实我们可以通过培养自己，增强自己控制周遭环境或是改变环境的能力来为最终实现目标而打下基础，这种所谓的能力就是我们常说的意志力。不能让环境来掌控我们计划的变化，而是要让意志力来控制我们的计划，让计划来改变周遭环境。强大的意志力能帮助我们完成手头上的工作，并调适周遭环境来为自己服务。在这个基础上，我们身上的全部力量都会集小流汇成大江大河，奔涌而来。

14. 体内的不同力量在合理分配和利用之后，我们的整个思想体系都会得到全面的发展，结果就是自己很快成为伟大的人。如何形成合理分配和引导这些力量的机制其实依靠的就是自己的意志力。有了意志力，我们的思想就可以依靠最积极的方式来引导这些力量，并形成相应的机制。意志力是铸就伟大思想的重要前提，没有完备的意志力人体的能量就得不到合理的分配，甚至会造成浪费。绝大多数的人都对意志力发展的问题不太重视，所以他们总是很难成为伟大的人，尽管我们期望他们可以。

15. 我们这么说一定有人不认可，会针对我们的观点反驳道：成就了伟大思想的人也不尽然都是意志力强大的人，何况有些人尽管意志力很是坚强，但他们也不具备强大的能力。说到这里，我们要注意如果意志力只是仅仅受限于道德准绳的阶段的话，那和真正了解公正、道德和真理的意志力有着天壤之别。除此之外，我们还必须意识到意志力的坚强不只是对某些有限的规则的遵守，更需要懂得如何合理地运用生命的全部规则。在遵守道德准则的情况下，如果没能遵守生命规则，也算不上是有了完备的意志力。通常拥有这种意志力的人在遵守道德准则方面行为举止与违反精神准则的人几乎无异。

16. 此外还有一点非常重要，不论是违反精神准则还是违反道德准则，两者的危害都很大，可是我们在日常生活中容易忽视的总是前者，对后者我们总是极力地谴责，而对待前者我们总是很宽容。从某种意义上说，合理恰当利用精神准则的人，即便是违背了道德准则，他的思想发展也不会受阻。这就解释了为何在现实生活中我们总是看到很多道德水准不高的人却在自己擅长的领域里成就颇高。还有一点也值得注意，如果这些人的道德水准可以得到一定程度的提高的话，那么他所获得的成就绝非仅仅是现在这样，还可能提升好几倍。一个人若是违背了道德准则，但是却遵守了精神准则的话，很容易他们的精神能量就会大量流失，甚至还会更多。所以，在相同的情况下，遵守道德准则比不遵守道德准则的人的成就会高出一倍。这和我们之前说到的那些遵守了道德准则却没有遵守精神准则一样，他们自己懂得精神力量也有一半多会被浪费掉。因此我们明白那些个性很好的人尽管没有他人那般聪慧，尽管他道德水准高，但总是无法很好地遵守精神准则。换句话说，他们的智慧没有按照规律来运用，要真的出人头地就很困难了。

17. 良好的个性可以帮助重新优化配置人体内的全部能量，特别是当我们有了伟大的思想目标，我们的身体在为了实现这个目标和谐统一工作的时候，良好个性的优越性就得到了充分体现。个性不够完美，身体的各部分之间的合作就不会协调，思想活动也会伴随着诸多冲突。有一些行动是为了某个特定目标，还有其他的一些行动则是背道而驰，向着另一个目标而去。引导欲望也同样是这个道理。意志力过于薄弱的人常常会喜新厌旧，很容易见异思迁，一会儿要这个一会儿要那个。他们没有持久的目标，目标总在不断地变化，最终的结果才是一事无成。意志力坚强的人则完全相反，他们的目标是统一固定的，身体的所有能量都是为了同一个目标而协同行动，整齐划一。性格的一个重要目的就是要让我们体内的所有能量都协同行动，为了同一个目标而努力，人体的每一分力量都要为之做出重要的贡献。

第十五章 \ 塑造良好性格

塑造一个良好的性格无疑对谁来说都是十分必要的，不过真正要做好塑造性格却绝非一件简单的事情。良好性格的培养过程要遵循一系列的原则，要在坚持对美好正确事物渴求的基础上，始终保持心灵美，拥有明辨是非的能力，这才能达到塑造良好性格的最终目的。

1. 个性的形成是一个逐步实现的过程。当我们的每一分力量都得到了锻炼的时候，不同的因素就会在自己的范畴内积极发挥自己的作用，在此基础上我们得到了充分表达自己的可能，并以此提高个人原始本能。这一复杂的过程的结果便是人的性格的形成。我们身体上的每个组成部分都有自己需要完成的特殊使命，否则它们就没有存在的意义了。要是能让这每一部分中的因素对自己施加积极的作用以提高自己的能力的话，那么无论是什么行为都是有利的、正确的。而行为的促进就来源于性格。性格对每个人来说都是不可或缺的重要事物，尽管我们的生活目标迥异，但性格都可以成为我们行为的向导，让我们充分运用我们身体的每个部分来实现自己的目标。不同事物都为了不同的目的而存在，这些事物因为有了利用而得到了存在价值上的提升。

2. 所以，在性格培养之前我们要了解的问题是什么是生活，生活的目标需要依靠哪些行为来提高，而还有哪些行为会对生活的目标起到负面作用，甚至是降低生活的目标。我们在了解了正确的行为有哪些之后，随即我们就会开始根据正确的行为方向来调动我们身体的每一个部分并努力去为自己培养更好的性格。不论我们做什么事情，性格都会起到自己应尽的作用，它们会充分发挥自身的能量。在这种积极、充分且持续的作用之下，事物才能永恒且不断发展。培养了自身的性格，性格就会在我们的指示下正确行事。换句话说，我们因为性格培养可以使自己的行动变得更为积极，具有建设性，还能提升人们身体相关部分的官能。关于这点理解并不难，毕竟性格是所有行为的正确向导，只要是性格的应用范围逐渐扩大，它所起的作用就越大。

3. 自我培养良好的性格，我们就可以从此有能力明白自我生命的目的，同时还有能力判断对错，并依据对的指示去行动。所以说培养良好的性格，说白了就是在提升自己判断对错的能力，并且非常坚定自己的立场。认定是对的以后就不会轻易受到外界的影响，不会就此动摇。辨别是非是培养良好性格的精髓所在，有了良好的性格才能保证自己永远都站在正确的立场上，更能明白我们选择行动的方向都是出于本能，更懂得我们所拥有的动力和因素是如何发挥作用来完成生命使命的。

4. 我们每个人都要清楚地认识自己的人生，这对性格发展非常有必要，尤其是初期培养的过程。性格培养到了一定阶段后，我们明辨是非时就不用表现得非常刻意。真正做到性格培养是不会受到外部条件和智力条件影响的，只要有直觉就可以辨别是非曲直，还能看到自己要追求的人生是什么。在性格培养完善的人看来，正确的就是那些能促进人类发展的。通过性格培养，我们会打心眼里了解只有正确的才能促进进步，错误的只会导致发展受阻。

5. 培养性格还能让我们拥有发展的意识。完善的性格可以促使人们看到处在发展和完善中的一切事物，凡事只要发展变化到一定程度后就会有质的飞跃。当我们培养性格的时候，当性格得以发展了之后，所有现实中的事物在正确的引导下都会产生，也会因为有了正确行为给它们带来了发展，这一原则不难理解。既然我们已经明白了发展是由正确行为带来的，错误的行为是无法带动发展的，那么在是非分辨的问题上就不存在困难了。生命的本质就是要保证持续发展的，之所以要求辩明正确的生活方式，就在于它们可以让所有生活中息息相关的方面都时刻处在进步的状态。也由于这个原因，能促进发展的行为必然是正确的，它们可以和生活的方方面面都相当契合。另外，和生活不同步的行为就一定是错误的，因为它们和生活不同步。换个简单的说法，就是正确的都是促进发展的事物，错误的必然是阻碍发展的事物。

6. 任何人的道德体系的底线都比较完善，可是即便如此，也没有人会避免犯错。人非圣贤，孰能无过呢？我们充分理解了人生之后，就会明白什么是正确的、是促进发展的，哪些是阻碍发展的。只是当性格不断发展，我们自身的价值体系也会发生变化，因此我们评判是非的眼光也是在持续更新的。此时我们的是非评判标准已经很明确了，只要是某种错误的行为一出现，我们就会及时发现并纠正它。人的智商不论多高都是无法形成价值体系的，只有当性格形成之后才能明白正确和错误的区别。或许有人会因为正确的理解而产生误导，但就我们自身的对错评价体系本身而言，它是没有错的，毕竟这种体系的形成只有在性格培养完善之后方能完成。

7. 还有一个因素也是不容缺失的，那就是要树立起对正确事物的渴求。真正渴求正确的事物，才不至于由于外物的诱惑脱离正道。正是因为我们不断地渴望正确的事物，这才让自己越来越趋于正确的事物，反之，我们追寻的如果是错误的事物，那身上全部正确的因素就会慢慢消失。这样的结果是显而易见的。除此以外，对正确事物的渴求也会为我们带来正确的精神导向，一般来说，有了健康的导向也就伴随着建设性行动的出现。

8. 大多数人都认识到了，人类社会的发展有很多内在动力，它们和精神生活之间都会接收到自身精神导向的指引。所以可以这么说，假设一个社会有正确的精神导向的话，那么处在这个社会中的每一个人都能因为社会的指引而做出正确的行为并寻求自己的发展。当然还有一点，我们对正确事物的渴求还能从正确深入的思考中寻求和获得。其实每一次深入的思考都会给我们的潜意识留下某些印象。我们对正确事物的渴求恰好激发了我们的思考，而且是深层次的思考，它会向人们的潜意识传达很积极的信号，并从此留下印象。只要是进入潜意识的印象都会在潜意识中扎下很深的根，同时还在那里生根发芽，再也无法抹去。所以要守护正确的渴求就要真正深入地思考，有了深入的思考，这观念就会持久存在，不再那么容易消失了。究其原因的话，正是这个观念引起我们对正确事物的渴求。我们总会很好奇该如何表现出这样的观念。事实上反思自己究竟需要什么才是最重要的，这样的话也可以不用去考虑自己对正确事物的渴求。无论什么渴求都无法遏制，简单来说这些渴求都源自于对正确的追求。要知道，潜意识中的自己还在追求正确的话，那我们所做出的全部行为也都会是正确的。

9. 总而言之，培养良好性格的两大要素缺一不可，一个是要明辨是非，另一个则是不要忘记对正确的渴求。值得我们关注的是，说到对正确的渴求，其中的正确不仅仅是道德规范衡量下的正确而已。相比之下它是更为全面的正确，指的是和社会生活方方面面原则都彼此协调的正确，同时还要和社会生活中所有规则都保持一致。要真正做到明辨是非，就要告诉自己牢牢记住别依据他人脑子里的规则来行事，要先从内心懂得生活的真谛，并清晰了解思维方式和行为如何能帮助实现生活的本质。在这个价值观的指引下，我们须先明白正确行为的灵魂才是追求正确的前提，通过它还能精准地把握正确行为的所有普遍规则。我们头脑中所有次于对正确的渴求其实都可以总结为一类，可以称之为对生活的欲望，只不过这欲望和生活之间是非常协调的。

10. 现实中有这样的一个道理，在我们不断接近某个高级的事物时，如果有比它们次要的事物在我们面前出现时，我们一般都不太重视。相同的道理，在我们疯狂地去追逐某个正确的欲望的时候，那些对我们来说不那么重要的欲望我们就不会再投注太多的心思。所以，一旦我们执着的是自己眼前最为迫切的欲望的话，那些本不该有的欲望就会被遏制住，如果可以有更为远大、高尚的目标树立起来的话，那结果将更为理想。一定要记住，这两者之间是彼此促进的关系，实现远大的目标并非是要折损自己眼前的利益。说实话，实现了远大目标的人不但不会失去什么利益，反倒是这一路努力中他的收获将越来越多。

11. 正确的含义我们已经阐释清楚了，既然明了了那我们就应该知道内心弄清楚正确的真正本质才是分辨是非、追求真理的必要条件。在看到他人的行为时，我们不能生搬硬套，甚至在后面追随，缺乏主见，而是要调动身体的所有官能，用自己的亲身体验去领悟正确的精髓所在。而我们所说的性格其实就是可以分辨是非，且激发欲望的官能。所以培养起个人的性格，我们才产生关于生存的所有概念，知道该如何正确地思考和行事，也能保证自己的生活和社会相协调。当我们有了关于正确的全部意识之后，脑海里就自然而然地形成了非常清晰的价值观体系，在这个体系的指导下，我们就会产生各种欲望和追求。这里所提到的一切欲望和追求也都会尽可能地效忠和服务于这个体系。基于此我们就能发挥身体上所有的技能和动力，并逐渐完善自身正确的行为。我们知道，经过深思熟虑，并完完全全是为了实现远大目标而做出的行为才是正确的行为。和远大目标实现有关的一切行为都必须是正确的，哪怕是一点点不正确，目标的实现都会遭遇很大的困难。

12. 我们会在脑海里勾画关于正确行为的清晰画面，全部的注意力也都会因为坚强意志力的作用而集中在这个清晰的画面之上。有了这一切，心理行为的尽善尽美才能完成，心理行为才算得上是正确的行为，因为向着正确方向努力和发展的行为都能算是正确的画面。因为我们众多的创造能力没有得到优化配置和组合，所以这种并不完善的性格总是有缺陷的且片面的。

13. 第一步先是去思考我们身上的每一种能力、力量包括组织部分都能发挥什么样的作用。仔细去思考这个问题的答案，再在自己的脑海里勾画出与之相关正确的画面。每逢有新的行为要实施的时候，人们应当坚定地走下去，一直到实现目标为止。假设人们总是能坚持这一原则，不管正在做的事情是大还是小，哪怕就是一件琐碎的小事，那么最终能够获得的都会超出我们的想象，不仅仅是实现了目标，还能让我们培养起坚定的性格。凡事半途而废，三心二意的人一定是会失败的，要改掉这些坏毛病只有依靠坚定性格的培养。

14. 我们需要时刻牢记目标，因为有了它，我们才有持续努力和奋斗的潜在动力。我们想要对特定的事物产生强烈的欲望也可以通过对我们正在从事的工作保持较高的期望值来达成。说白了，对特定目标的欲望其实就是目标的实现，因为实现了目标我们就能获得我们所想要得到的。

15. 塑造个体的性格其中最为关键的因素在于如何准确定义“理想”这个词。理想通常都会高于现实，可是即便是再远大的理想都会有实现的一天。所以说，即便是高于现实的理想也不能脱离现实，它可以比现实高出一点点，因为它们必须是接近完美的。我们在衡量一切事物的时候都要将尽善尽美作为衡量的唯一标准，而且不容许随意降低这一标准。即使取得一点点小进步，都不要轻易满足。凡事都要求自己做到尽善尽美，这个欲望必须让它在我们的体内膨胀，这样才有可能调动体内的每一分力量、每一个元素为它服务。了解了完美的全部概念之后，才有资格去讨论和确定自己的理想究竟是什么，因为这个时候我们的思想早已超越了所有平凡的事物。对性格塑造来说，这一点是相当必要的。假设思想上十分平庸的人，一点点小事就斤斤计较的人是不会塑造出良好的性格的。同样的道理，思想只是停留在表面的人，也是无法培养出可贵的品质的。人的一生没有可贵的品质也没有更高的价值，那一辈子就等于是白活了。

16. 性格得到培养之后，个人的品质和价值都可以通过个性和心态来体现了。人类是一种动物，但又不单单是一种动物，他们的思想品质上有闪光点。因此塑造性格的过程当中，人类种族与生俱来就有一定的劣根性，这种劣根性值得我们注意。在潜意识当中，这些劣根性会让人们引导自己的意识朝着反方向发展。当然不可否认的是这些劣根性我们都继承自我们的祖先，但不代表它就无法根除。只要我们想消除它们，那么它们就会消失。潜意识其实是可以随时随地发生改变的，而且这一切都取决于我们自己。只要我们确定了要朝哪个方向发展，就积极地引导它，自然而然就能随心所愿了。

17. 好好地去审视一下我们自己的心理和性格在朝着什么方向发展，并且搞清楚我们的意志同这些趋势之间是否是相悖离的，是不是我们正想遏制的，同时又有哪些是自己期待保留下来，能够进一步强化让其焕发出勃勃生机、不可动摇的。想要遏制一种趋势并不难，直接无视它就可以了。切忌不能尝试去抵制它，也不要刻意用各种方式试图将它从自己的头脑当中抹去，总之只要不去管它，不去理它，最后就会把它慢慢地淡忘掉了。尽量让自己朝着这不良趋势的反方向去努力，扭转趋势，让它成为与本质相反的趋势。当良好的性格培养成功了，那么从祖先那遗传下来的劣根性也就渐渐消失了。

18. 如果能在自己的脑海里尽量地去美化这些良好的品质的话，自然也就能在自己的身上培养出它们来，为这些品质铸就出崇高的概念。这些品质一旦形成，就要及时将它们都储存于潜意识当中，日日强化它们，特别是睡前，因为睡梦当中的强化作用最为显著。如果能在睡前再强调一次，这些概念势必会在梦中得以再次强化。潜意识当中强化几个月以后，原本在我们脑海里的那些崇高概念就会深化，进入我们内心最深处，再不会有外界的事物可以有能力强迫自己做出自己不希望做出的行为。况且，这种经过强化了的对良好品质的欲望是持久的，甚至是永恒的。其实任何一种关于自然的欲望消失都是我们不愿意看到的，我们是完全可以控制这些欲望的，更是可以通过自我方式来保留和放弃它们的。不过这么做也有可能造成比较严重的后果，一旦我们有了十分强烈的避开错误的欲望的话，那么这欲望就会操控我们开始着手做很多我们并不乐意做的事情。

19. 不少人在品质方面都存在问题，这其实并非他们所愿意的。但是他们如果想通过利用这种方式尝试去解决自己的品质问题的话，那是有可能解决的。把高尚的、无可挑剔的品质深深扎根到他们的潜意识当中去之后，这些品质所发挥的作用是非常神奇的。经过一段时间之后，原本的力量还会慢慢地增强，所有原来可能出现的罪恶诱惑对自己来说都不算是诱惑了，因为这些高尚的品质已经完全帮助自己克服它们了。

20. 高尚的品质以及绝对正义的概念扎根于潜意识当中后，我们自然会感觉到自己的正义意识在增强，这就好比是拥有了一双能够辨明是非的慧眼，凡事物出现都能分辨出是非曲直来。这个“潜意识规则”无论是培养哪一种性格中的品质都是可以参照的标准，掌握了它就赢得了成功的标准，还可以充分体会出它的意义和价值。换言之，依照这个规则，所有在潜意识中储存的概念都能利用个性这个途径充分体现。我们常说一颗种子播下去收获的果实是千千万万，意识也是如此，只要深入内心，它的作用能够成百成千倍地发挥出来，而且这种发挥一定是通过合理恰当的方式进行表达的。潜意识无论好坏，都是在不断强化当中的。所以，只要我们可以把那些高尚且值得发扬的好品质如播种一样播到潜意识这块土地中去的时候，潜意识的规则自然就会强化它，最终这一品质就会在我们的内心深处生根发芽，成为永恒的品质。那一刻，我们的内心就会因为有了美好的品质而充满了对美好事物的渴求。

21. 公正（justice）和道德(virtue)是性格当中最为主要的两大因素。生命中诸多要素都要各司其职、各得其位的话就必须依靠公正。而道德的作用在于让这些要素不但要各司其职、各得其位，还要保证始终在自己的位置上，不越俎代庖，确保公正的实现。我们提到过的滥用，就是没有顾及公正和道德，一般来说，只要是有企图去使用或是占有自己所属范畴以外的事物或是权力的都称为滥用。公正的意识能够健全地深入人心时，社会的秩序就会一切井然有序。而对于个人来说，凡是在正确认识事物方面，有了公正意识就代表他们能够更为清醒地认识自我。正确地认识自我之后，就算是周遭的事物，我们也可以用非常客观的态度去审视和分析它们了。说到这里我们就会发现，一个人只有树立了公正意识之后，才能公正客观地看待素有的事物。要不然即便他们认为自己是公正的，而且看待事物的眼光也是公正客观的，但是他们的行为处事也未必是最为公正的，因为他们还没有真正体会到公正。只有自身亲身体会到了公正，自身的平衡稳定才有保证，包括心理平衡在内，每一个部分都要有相应的待遇，这才是真正意义上的公正。所以说，我们所努力追求的境界说白了就是公正。

22. 说到道德的问题，完整地来说就是指合理运用所有事物，使其能各归其位，各尽其能，各司其职。那么合理运用又是指什么呢？称得上“合理”一定是事物的应用可以带动发展和进步的情形。所以，我们要解释道德因素，它可以指的是那些指引我们体内所有力量、功能和器官活动的活动。不过道德作用的发挥过程中，不能带有一点勉强，道德最重的无非就是顺其自然，让一切都各归其位。道德一定不是强人所难，它若指的是事物的使用，那就一定是合理利用各种事物。我们如果不能合理地使用这些事物，其结果势必就是事倍功半，费了许多精力却得不到想得到的结果。而创造力的具体形式如果我们还找不到合理的表达方式的话，抽象形式是个不错的选择。同样的，我们还要恰当地发挥精神的全部力量去拓展自己的潜能并调整状态。关于如何发挥这些能量，下一章将具体阐释方法，此处就不赘述。

23. 用当下的眼光去审视某一种欲望的时候，发现它还不能给自己带来理想中的结果时，这种欲望就算不上是切合实际的欲望。我们就要暂且将它放下，去思考一些更具有现实意义的东西。不是说原来的欲望就要完全放弃，这么做的目的自然也不是让自己放弃所有享受的机会，事实上这欲望动力所带来的精神享受也是很可观的。不放弃追求，始终拥有持久的欲望这才是至上的快乐。

24. 真正的完美衡量标准就在于所有部分都要在本质上达到要求。明白了这个道理之后，才会真正了解从具体形式和抽象形式两个方面产生对道德的追求。道德在追求的过程中，我们上文已经提到了，选用抽象形式来表达自然意图，取代具体形式无法表达的情形。可是具体形式完全可以表达愿望的时候，抽象的形式也会随之成为具体化的形式，最好的结果就会因为有具体和抽象两者完美的结合而产生了。

25. 请记住在性格塑造的过程中有两个不可或缺的原则：一是坚定信念，二是要保证心灵美。如果具备了第一条原则，有了坚定信念却缺少心灵美，作用倒不至于发挥不出来，只不过只能中规中矩，很难有所超越。如果只有心灵美但缺少信念的坚定的话，那么内在的高尚情操也很难有所发挥。只有两大原则做到完美的融合，良好性格才能真正被塑造出来。

第十六章 \ 优化配置个人能量

人体内的各种能量造就了非常巨大的创造力，它们无处不在，无时无刻不在运动着。只不过如果没有有效地配置它们的话，它们当中的很大一部分都将被浪费掉。务必记住，有效地利用剩余能量，依靠强大的个人魅力，能为自己带来更为完美的一面。

1. 如果要给人体整体一个比喻的话，“发电机”自然是最适合不过的。人脑所产生的能量是惊人的，因此它总能为人们提供源源不断的能量，特别是创造力。健康人群头脑所产生的能量若是做一个量化的话，那我们就会看到一个非常惊人的结果。而更叫人吃惊的是，其实人类从自然界中所得到的能量更大，即便我们消耗了再多的能量，跟它一比那真的就是九牛一毛了。在这么惊人的现象的背后究竟有什么样的奥秘，又是为何如此巨大的能量没能充分被利用和开发呢？接下来我们就用这一章的篇幅来解释一下这个现象。

2. 广义上讲，人体内无处不存在各种产生、形成和再造的能力，这些都可以被统称为创造力。创造力可以根据功能的不同被划分为不同的部分，其中有些部分是能够产生思想的，有的是可以再造脑细胞的，还有的是对神经组织和肌肉组织的产生有决定作用的。此外，还有能产生组织液的，能生发出各种想法的，还有能塑造天赋和能力的，也有创造各种类属基因的等等。所以，人身体内部正在进行的各种与创造力有关的创造性活动，通常来说都有相对应的创造力作为支撑。

3. 其中还有一些很有趣味的事情，人体所需的各部分能量均由大自然用其特有的方式来提供，而且这些能量远远超出了人们所能消耗的总量，所以人体内的各种能量在消耗之后通常都有所剩余。一项创造性活动会消耗一部分能量，剩下超出的部分因为不用就会被浪费掉。说到这里，你就会发现我们今天要讨论的问题有多重要 。

4. 创造力和创造力之间是彼此联系的，甚至还有可能互相转化。某一项创造活动因为会剩余下众多的能量，这些能量有时候也会在别的地方继续发挥它的作用。这样一来，原本会被浪费掉的能量又找到了自己发挥作用的空间，它们可以转化为其他创造性活动所需的思想和想法，有的用来支持各类肌肉的活动，有的用来产生人体所需的各种组织液，包括其他支持关键器官的功能发挥等等。两种不同的创造性活动彼此结合，这样就能创造更多的可能，不至于让它们其中的大部分都白白浪费掉。

5. 之所以说大部分在人体内产生的能量都将是多余的，是因为在正常的生理活动或是心理活动中，它们很难找到合适的机会来发挥自己的作用。人体之所以能产生巨大的能量，正因为它有多样化的个性，可是真正能被利用的只有其中的1/4，剩下的全部被浪费掉。我们需要考虑的事情就是如何让这些可能被浪费的能量能得到合理的利用，再试图将其运用到特殊的器官功能和创造活动中去。如果这么做的话，有多少能量能被有效地利用起来呢？

6. 一个人若是只依靠他所拥有的全部能量中的很小一部分即收获自己的成功时，他就已经发现自己的收获斐然，那很明显他一定会希望有更多的途径去充分利用他全部的能量，这一切只因为要成就更大的成就。其实，只要他找到这些途径，他的成绩确确实实会有很大的提升，这都源于他的工作强度和能力都得到了不同程度的提高。

7. 假设能量对工作能力的提高有积极作用的话，那么人体内所拥有的能量能成倍增加地被利用，那么它也会给工作能力带来成倍成倍地提高。已经有无数事实证明了这个假设。现实生活中很多人都曾经试图去转化自己的创造力，还希望专门将这能量应用到某一特殊能力发展上来。结果是他们通过这种方式确实让自己这一方面的能力得到了惊人的提升，只不过这种提升很难持久，一般都是暂时的。这说明了他们的做法是难以奏效的。这方法也不是一无是处，尽管它很难奏效但对锻炼自己的脑力有积极的作用，我们的头脑在这样的训练之下会变得更加灵活。还有一点值得注意的是，往往这种方法多多少少都和天才的创造有着关联。众多的事实证明，人体内的所有能量都只是集中在某一个方面的话，那他这一方面的能力就会惊人地提高，这便是天才形成的前提条件。

8. 接下来进一步来解释一下这个问题，为了深入说明，我们做一个实验，以两个人体能量相当的人为对象进行研究。我们首先让其中的一个把能量发挥到众多事情上，就如同普通人一般。因为要发挥在不同的事情上，所以每种能量都要被分配到特定的事情上去，除了正常消耗以外，剩下的都会浪费掉。经过一段时间的观察之后，实验结果显示这个人未取得任何伟大的成就。另外一个人我们则让他把所有的能量都集中在我们指定的某件事情上，并铭记这件事情。经过一段时间的观察，我们发现这个人在这一特定方面的能力有了显著的提高，不夸张地说这个人堪称是这方面的天才。现实中还有不少关于天才研究的例子也都证明了这一点，无一例外。只不过我们还无法证明生活中的所有天才的产生都是如此。唯一能确定的一点就是，某人将自己所有富余的能量专注于某一件事情上的话，很快他就会在这件事情上取得显著的成绩。

9. 既然如此，那么什么样的环境内这种天才成才的方法能奏效还是很值得我们多加研究的。第一个需要我们了解的问题是不同的创造力是如何起作用的。实际上不同的创造力都会作用于人的思想或是身体的某些部分，它们或是自然地奏效，或是通过人的习惯来达成。换言之，人体不同的能量流会因为不同的事情而被分配到不同的人体部分去，用于实现这些事情。在这一过程中，能量会有部分的消耗，其余剩下的部分都会白白浪费。这是个自然的过程，明白了这一原理之后，我们要做的就是去探究人为影响对于能量的重新配置，如何优化地利用能量，让它们最大限度地发挥自己的作用。既保证尽可能小的消耗，同时还要通过它的作用来提升自己的能力，这才是真正的一举两得。

10. 简单来说，亟待我们去探究的就是剩余能量的利用问题，即那些在正常消耗后剩余的力量，原本有可能被浪费的那部分，如何通过巧妙地利用来有效地提高我们的工作能力。

11. 必须是在学习了“转换”的技巧后这个问题才更清晰明了。这里说的“转换”是大自然当中最基础的，而且永恒存在的技能，绝不是那些看似很是小众应用的技能，它很普通一点都不神奇。譬如大自然就在应用这种技能源源不断地转化自己的能量。有了这种“转换”的技巧之后，自然界的每个领域都会有非常多奇妙的现象出现，哪怕是人类社会，这一“转换”的技巧也产生了众多下意识的行为。

12. 要知道，转换规则可以铸就很大的成就，只要我们发现有人在某件事情上突然突飞猛进，有了非比寻常的成绩，那就一定是这规则所起的作用。就算不是有意在应用，也是无意识下发挥了这一规则的作用，虽然这些事情完全可以凭意识完成。一个总是依照这规则和模式来思考问题的人，他会完全把自己的身心投入其中，把所有注意力都集中于其中。经过观察我们发现，在这种思维状态下的人们往往能消耗比普通人更多的能量。一旦有大量的能量消耗，其他欲望都会因此被暂时搁置，人体内的所有生理器官活力也会下降，甚至会低于普通水平。

13. 譬如沉浸在这种忘我的精神状态下的人就容易会废寝忘食。我们会发现在发明界有大量的发明家，只要他们开始用心投入自己的实验发明中去的时候，连续几天不记得吃饭实在太过正常了。发明家的例子就说明了这一点，其实在其他领域，这种例子也不鲜见，譬如作家、作曲家、画家等等，他们专注于自己的领域当中时，就会完全忘掉自己日常生活中的吃饭问题。这种转化到底是从哪里来呢？人们常常为了满足自己的需要会消耗大量的能量，除了这个目标以外，其他所有的需求都会降低，甚至被忽视，因此大多时候表现为这方面的欲望基本消失了。

14. 其次还有一种现象大家也很常见，当这种现象出现时，人们的自然欲望也会暂时降低，或者完全消失，因为此时人们的想法因为其他某种异于自然欲望的欲望而无法自拔。我们用这种方式完全可以改变最初的很多习惯。假设一下，我们的注意力从自然欲望转移到了其他的某种欲望上的时候，而同时这种欲望又和我们习惯中的某些事情相悖，我们投入了所有的注意力和精力的时候，我们原本维持自己自然欲望的能量就慢慢枯竭了，这也就解释了为何我们那些欲望会消失，它们缺少了支撑自己的能量。

15. 相同的，现实中有很多人有强烈的物质倾向，甚至是拜金主义。要克服这个不好的习惯就可以借鉴这个方法，将自己的全部精力完完整整地投入与自己原本倾向相反的领域当中，很快就能发现有所改变了。转化了自己能量的发挥领域，我们体内所有用来维持物质倾向的能量就被转换了，它们都开始朝着积极的方向而去，为了成就理想中的体格、思想和个性而努力。

16. 能量运用“转换”的原则在自然界或是人类社会当中比比皆是，所以我们要讨论这个问题的时候大可不必超出人类社会的所有活动的范畴，我们尽可能在这个范围中寻找事例来研究。我们研究的对象就是在人类社会中每时每刻都在发生作用的“转换”规则。所以我们去研究如何用人为的力量施加在这些作用之上的目标在于更好地利用它们。

17. 之所以我们如此重视“转换”原则，归根结底还是因为我们了解了自己体内会有巨大的剩余能量，为了能尽可能发挥它们的作用以便发展我们的技能和本领，我们这才关注了无时无刻不在的转化。要知道如果能好好利用这项规则，我们的工作能力会有成倍的提升，能力和本领也会有所发展，这无疑让原本被剩下的能量有了用武之地。假设，我们的某个计划或是原本有的欲望需要实现，只可惜一直时机未到，那一定不要让自己为它们而准备的能量随便流失，因为它们是可以通过转化为其他计划或是欲望而服务的。

18. 上述的是剩余能量利用的第一个目的，第二个目的则是把剩余能量转化到脑力领域。我们会由这种转化中得到众多的能量，而脑力活动的活跃还能提供更多的体力活动能量。脑力活动在转化中会越来越敏捷，越来越活跃。

19. 再来说说第三个目的，剩余的能量还可以通过转化的方式变为个人的能力和本领。最值得一提的是，哪怕是一个各方面都很平凡的人，只要他的思想够纯洁，他的能力和本领都未必在思想不够纯洁的人之下，他们会表现得更有耐力和更加灵活。思想不够纯洁的人他们的精力大多都许给了不良的习惯以及低级趣味了，只有纯洁思想的人才会大量地把能量放在了能力和本领的发展之上。剩余能量转化后的领域不一样所得到的结果自然也迥异。

20. 只要能充分实现上述的三个目的，我们体内的精力和个人能量的发挥就不再总出现大量的浪费。自己想要实现的欲望是我们自己可以控制的，精神中的不良糟粕我们也能自己摈弃。即便我们在生活中的力量还不足以培养出显著的能力或是出色的天分，但因为所有体内能量都能得到有效地运用，我们就可以把它们用转化的方式来实现更高的卓越成绩以及铸就强大的动力。让我们再来做一个实验，我们试着集中自己所有的精力，只要持续几分钟，默默念着这个欲望，很容易我们就发现自己体内剩下的能量就会转化到这个领域中去了。随后要做的就是将自己放置在如此活跃的状态下去思考问题，再过几分钟之后，我们的脑海里就会涌现出很多奇妙的想法。间隔一段时间再重复这么做，慢慢地在接下来的日子中这些意识就会强化起来，一直到我们发现自己有很多足够新奇的想法，工作中也因为有了这些想法会造就更多的成绩。

21. 如果我们能体验到自己体内有十分巨大的能量在涌动的时候，就要赶紧试着去引导它们对自己的思想发挥作用。上面提到的实验结果基本上就会和所得到的结果相差无几。我们脑海里会一时间冒出非常多奇妙的想法，有了它们我们就可以根据自己的需要来选择一部分为自己所用。

22. 只要是有这样的想法就能学到转化的技巧，这点很重要。也就是说我们体内剩余的能量都能被调动起来，根据自己所设定的方向去转化。比如说，如果自己是一个商人，我们想要的其实就是要凝聚自己的剩余力量向自己最想得到的商业能力发挥之上。这个目标要真正实现，我们就要持续地在脑海里思考这个问题，于是自己的能量就能向这方面转化。很快我们就会发现这种思维习惯很轻易地就把自己的能量转化为自己所想要做事的习惯上了。

23. 还有一个非常著名的定律不得不提，只要我们坚定地去思考某一件事情，只循着一个思路的话，大自然很快就会了解到我们这方面的愿望，这个目标就会在它的帮助之下实现。但与此同时还有一个不容忽视的定律，一旦我们有了关注自己的某些天分或是身体某一部分的注意力，就会自然而然地创造了能量中某种天分的倾向。在这基础上，我们内心所有想得到的想法的价值就很容易理解了。这些想法在我们的脑海当中通过想法或是欲望就会被牢牢地固定住，经过一段时间之后，这些思想就会成为习惯，融入下意识当中。只要有思想融入下意识的习惯当中，它就会无形地给自己发出行动的号令，我们会在这样的号令之下不自主地行动，基本不用经过大脑思考。

24. 只不过我们必须在转化发生之前就先发挥主动性来做出决定，有必要知道自己想把剩余的能量发挥到哪个领域去。换言之，我们要知道自己最想要的是什么，这才能保证我们一直保持这方向始终追求自己的目标。只是太多人在这个过程当中都失败了。失败的根本原因就是自己无法确定自己的目标是什么，也不了解自己做什么才能做得更好。所以他们体内的众多能量都无法找寻到合适的发挥领域，有时候可以被用来做这个事情，有时候用来做那个事情，总之没有一个定数，三心二意的结果就是什么也没做成。假设自己是一个发明者，那就让自己明确自己要做什么，再将自己所有的剩余力量全心全意地投入到发明创造当中去。再假设自己是一名作家，剩余的能量就请都投入到自己的文学创作当中去。不管自己是从事什么工作的人，只要自己可以把全部剩余的力量都倾注到自己的事业中去的话，要提高自己的能力或是才能并非很难的一件事情，而且很快就能有所成效。只要自己下定决心要为此事业献出自己的一生，那能力上也会有大发展，这种发展可以一直持续下去。

25. 第二个要点则是希望自己一切力量都能发挥到自己所选择的事业当中的愿望要十分迫切。自己的想法在什么领域，所有动力推动的发展方向也都在什么领域。为什么强烈的愿望那般重要，这就是原因之一。不过，我们在这里提到的愿望一定是坚定且理性的，过于脆弱或是过分强烈的都不足以做到。

26. 第三个要点是要把自己的精力放到自己的“心理”上，这是很重要的一个方面。通常在心理活动当中，我们会把自己的精力都集中在自己最愿意去做的那个部分上，也就是说剩余能量在不断增长的那些部分。转化的真正技巧就在于此，而这一点常常也是操作起来最为简单的。不管我们是把全部精力放在心理方面，还是只是依照自己的意志将注意力都投入了我们身体中的某一部分，我们的愿望都会因为我们希望心理或生理方面的增长而实现短期的成功。

27. 我们的欲望在经过了以上三个要点之后，一切欲望都可以进入转化规则当中，欲望可以在自己的控制之下转瞬即逝，更可能因为自己的力量把能量都转化成另一种动力。相同的，有了上述的过程，我们潜在的能量也会慢慢被激发出来，激发后的能量都会被投入到我们最想要活动的领域中去。其实，我们只要能掌握了转化规则的所有技巧之后，体内全部的能力都能听从我们自己的掌控，我们可以随心所欲地根据自己的需要来调动一切外在内在的力量。工作中的我们在掌握 了这一规则的技巧后，所有难题都会迎刃而解。这是一个必然，但却不尽然。应该说，拥有出色的能力，已达成卓越的成绩，包括自己身上所具有的天赋，都能够通过长时间对此技巧的训练和练习而达成。然而要是在这一过程中我们人为地对它的潜在规则强加干涉的话，那不管是思维能力、生活还是言行举止上，我们都无法取得成功。

28. 深入去思考自己那些有意识的行为，很快我们就能达到我们内心深处的活动，我们心理活动的范围就是这些。尝试去感受一下自己的内心世界，再去感受一下那些涌动着的思想和意识，然后再试图让自己的行动听从这些在有意识活动基础上最内心的个性和意识形态的声音。

29. 不妨再来举个例子，这能让我们更容易地理解这个原理。当我们听到感动内心的曲子，几乎曲子里的每一个音符都在拨动自己的心弦，自己的每一根神经都渗透到曲子中去了，我们也会发现自己的精力早已全部集中到了内心世界和曲子的共鸣当中了。如果这个时候我们自己的思想足够活跃的话，那么就会很快走进一种被称为“我思故我在”的境界里去。再比如一种细腻的情感深深地打动了我们的心，我们也会很迅速地陷到这情感中无法自拔。在深入的思考和细腻感觉的指引下，我们被强烈的愿望带进了一个精神境界中。此时我们的思想若是全然为这心理活动所占据的话，那么我们会全神贯注地注意自己的所思所想，或者说，我们的身体在自己的期待下会接收到更多的能量。

30. 或者可以这么说，当我们满怀兴趣且一心一意地把自己融入某一事物或情感中，我们体内的全部剩余能量就会集中，它们会涌向自己所注意的那个点上。我们的心理活动因为所有注意力的倾注，如果我们的手上能感受到全神注意的话，在心中默念自己的想法，手很快就会温热，血液循环也会不断加快。过一段时间后，我们就会看到自己手背开始青筋暴突，手上有了十足的力量，这就是原本冰凉的手为何在一瞬间就温热起来的原因。再来提一个更有说服力的例子，它看起来似乎很有意思。我们同样把所有能量都集中到自己的消化器官里，不久之后我们能感知到自己的腹部已经集中了所有的能量，曾经消化不良的不适感觉一下子就消失干净了。事实上，有了这方法，只要在饭前饭后各来一次，一次的时间不用太长，我们就会治好自己曾经有的消化不良等毛病。

31. 这些提到的实例都证明，任何一个身体器官只要获得了更多的能量，它所发挥的作用就会成倍于之前。那么即便它们曾经或多或少有小毛病，但最终还是能因为它们更好地发挥作用而治愈。现实中这一类的例子屡见不鲜，而且看起来都颇有意思。这一类的例子足以用来协助我们有效地运用转化规则。

32. 转化规则不仅仅具有之前提到的那些作用，还有以下作用：持续提高自己的工作能力；有效地利用体内所有的能量；越来越多的能量在大脑中涌动，使得头脑更加灵活。我们可以任选自己身上的任意一个器官，为它提供源源不断的能量，于是它的能力会很快提升。时间一长，这种能力的提升就会造就一个天才。

33. 还有重要的一点值得注意那便是纯净的思想。一旦思想不够纯净，有了罪恶的欲望，或是不够检点的行为，它们所造成的能量浪费也会有效转化。我们能够获得一种很奇妙的个人魅力，只不过这需要从自我有效控制性格中的种种动力来实现，个中原因不需要再去多解释。个人魅力的形成是有自己的过程的，个性中凝聚的创造力以及个性中和谐运转的过程，这便是魅力形成的基本过程。个人魅力有不容忽视的作用，个人魅力很强的人始终有难以抗拒的吸引力，它和身材长相无关。这样的人不论从事的职业是什么，他们获得成功的概率都非常高。

34. 再举两个商业人士的例子来进行比较。同样的，他们俩的能力和魄力都非常相近，只不过也是一个拥有个人魅力，另一个没有。最终的结论和上面那个例子的结论完全相同。有个人魅力的人所取得的成功要远远高于另外一位，哪怕两者在各个方面的素质和能力并不悬殊。单就一个普通人来说，非凡的个人魅力能够成就非常多的成绩和成就，例如一个外表不是很出众的女人，一旦有了个人魅力，那她就将是这世上最美丽的女人。

35. 外在形象并不出众的人，个人魅力能够赋予他最神奇的力量，他会因此而看起来十分美丽。魅力非凡的人只要有了个人魅力的力量后，他就变得很有吸引力。这一点相信没有人会去质疑。鉴于个人魅力有如此大的魔力，我们很想知道究竟要通过什么方式来让自己具备这样的魅力。要拥有个人魅力的第一步是一定要明白，个人魅力绝非是从控制他人或是影响他人的思想中获得的，这一点与大家所了解的有很大的出入。一般来说，想通过影响他人来获得个人魅力的人，只会适得其反，即便已经拥有了颇具吸引力的个人魅力，最终也很难守住。

36. 个人魅力的独特奥秘其实不难理解，它会将最美好的情感倾泻到极点，美好的情感也会在最大程度上得到发挥。换一种说法的话，内心中的所有美好情感都找到了自己发挥的领域。对个人来说，个人魅力除了影响个人的个性和智慧，还对工作有很强的影响。

37. 拥有了个人魅力的音乐家，他的歌声也会因为他的个人魅力而具备强烈的吸引力。这位音乐家除了个人的歌声中带有魅力，他的话语声中也有很强的魅力。很少有人能够用准确的话语来描述这魅力，只是人们能真真切切地感知到这力量的真实存在，而音乐家的声音因为这力量的不断提升也能充分展现出自己的魅力来。

38. 音乐界如此，文学领域更是如此。一位即使还不具备个人魅力的作家，他的作品应该也会很优秀，但仔细去读就会感觉作品还缺少一些东西。一旦作家具备了个人魅力，他的思想会睿智许多，作品会因此增色添彩不少。因为个人魅力赋予了他作品中的巨大力量，而这种力量往往是蕴含在作品的字里行间，而不是简单地浮现在文字之上。

39. 舞台之上的演员更是需要这种个人魅力，这几乎是一个演员最不可或缺的素质。一个好演员和一个不好的演员之间的差距常常都是是否具备个人魅力之间的差距。我们会发现不论演员的演技如何，如果没有了个人魅力，他的演艺事业就很难有所成功。而在社交场合个人魅力也是很重要的，有个人魅力的人走到哪里都非常受欢迎，即便他身上的缺点和不足也有很多。还有商业领域，各方面资质都非常相当的商人们，如果缺少了个人魅力的加持，无论是谁都会在商业上处在劣势。只有那些个人魅力很是充分的人才会在商场上游刃有余，工作中成绩斐然。

40. 深入去分析个人魅力，就能看到个人魅力对我们身体的每个动作，心理上的每次反应，包括来自于思想和性格中的任何一种情感和感觉都有非常大的影响。简单来说，人们在生理和心理上的所有动作和行为都会受到很大的影响，也因为如此让个人的魅力和吸引力激增。我们可以这么说，人们在品质上的所有美好都是因为个人魅力而更充分地表现。尽管这份力量还不会很直接影响其他人，但它们却可以直接影响充满了这力量的人们，受到影响的他们的所有行动都魅力十足。

41. 正如上面提到的，个人品质的美好方面被个人魅力给激发出来，完美地呈现出来，再加上自己的努力，最后的成功近在眼前。拥有不同程度的个人魅力，就会有不同的吸引力以及不同的高效率。个人美好的品质因为有了这份重要的力量表现得更趋向完美，同样的，个人魅力还能使原本聪明的头脑变得越来越聪慧。

42. 不少人其实身上都带着个人魅力，只不过他们在运用它的时候总是下意识的，还有一部分人的个人魅力则是通过有意识的各种训练方式来习得的。这种不同的训练方式它们的目的就在于协调身体中的每种运动，并且在某种程度去加强它，这结果经过了活动和创造力二者的转换之后已经非常惊人了。个人魅力其实就是人体巨大创造力经过转化规则之后变为和谐的心理和生理活动而产生的。

43. 要实现个人魅力的发展必须依靠对体内节奏运动的有效训练才行，包括了那些在所有具有建设性的行为基础上心理和生理能量的训练。其中最重要的一点就是确保自己心态的泰然自若，拥有这种平和却有魄力的气质后，个人魅力的训练才能取得成效。我们要记住，全身心地保持平静，并将我们身体内的能量都分配到最正确的位置。把控住了自己体内的全部能量后，这欲望才能为自己集聚所谓的能量。

44. 再做个实验吧。我们先在自己的性情上聚积全部的能量，坚持上几分钟后，我们再将这些聚积在一起的能量协调安排。过段时间，我们就会发现自己的身体内部完全充满了各种能量。实验做到这一步，我们就好比是一个已经充满电的电池，体内充满能量，做任何事情都没有阻碍。日常生活当中，我们不断地用这样的方式去反复训练自己，直至我们的内心和身体都养成了习惯，随后潜意识就会让我们无意识地去操作。长此以往，我们的能量就会积攒得越来越多，我们的个性也因此上升到了能带动情感强烈变化的状态。无疑，这种状态预示着我们已经具备了个人魅力。

45. 为了维持自己的个人魅力，还需要自律，在日常生活中不能有任何心理上或是生理上的坏习惯，我们的思想更不能为坏事物所影响，要和周遭的环境和人和谐相处。自律是需要自己不论环境发生了什么样的变化都保持极强的自制能力。个人魅力形成时，我们要懂得它是剩余能量聚积之后又获得优化配置到身体每个部分再进行循环所产生的结果。所以个人魅力它不是要企图去控制或是影响其他人，也不会直接对人或环境产生作用，只不过是在体内发挥作用，用个人最美好的品质对他人进行潜移默化的影响。

第十七章 \ 理解话语的积极力量

人们常说说话是一门艺术。如何发挥说话的力量是我们要深究的。恰当的话语有着无与伦比的功效，而不当的话语却会害人又害己。掌握建设性话语的说话技巧才能充分发挥话语的积极力量，发现生活中的美好。

1. 说话本身是一门很深奥的艺术。若有人想获取生活中的幸福或是推动自身的发展，这门艺术的深入分析和研究是不可缺失的，它可以帮助指导个人的言行举止。生活中我们的每一句话都会对自己的生活产生各种影响，有些影响是正面的，有些影响是负面的。话语性质的不同所带来的结果也不尽相同，正面的话语带来的结果往往是积极的、和谐的以及健康和兴旺；相反，负面的话语只会带来麻烦、贫困和疾病。也就是说，我们的话语能够改变所有的状态。

2. 每一句话都是我们自我表达的一个过程，在每一次表达过程中，我们的身体机制的某个环境都会因此产生某种倾向，这其中有思想方面的倾向，也有生理上的倾向；有身体化学世界的倾向，同时也有欲望世界里的倾向；

有些是性格上的倾向，更有个性上某方面的倾向，还有身体器官某些地方的倾向等等。只不过任何一个地方的倾向都在等待着爆发。所以说，我们用话语来表达自己想去往哪里，想做出什么样的成就，在遇到生活中的各种状况要如何处理等等。

3. 要是我们所说的话当中存在着疾病或是失败等负面的表达，我们的倾向就会朝着负面的状态而靠拢。只要这种倾向足够大，足够强烈的话，身体机制中的所有动力也都开始一起向这种负面的状态靠近，造成疾病以及失败，并以此为模版也让我们的身体机制达到与之相似的状态。

4. 相反，假设我们所表达的话语中充满了健康、幸福、力量和成功等正面的倾向，它也促使我们向着这个正面的方向积极靠近，而身体机制也在强烈的倾向促进下尽可能地形成与之相似的状态。我们的话语当中的每一句都充满了内在的生命力，这就是人们常常说的话语的潜力。这些话语对人是有益还是有害，基本都取决于这种巨大的力量。有益时这力量对我们来说是建设性的，积极向上的，反之则具有破坏性，消极堕落的。所以它们有时候能让我们实现自己的目标，有时候却表现为人生道路上的阻碍。这一力量在发挥重要的作用时，我们就会感知到它的存在，正因为如此，我们常常发现自己被那些引起了内心强烈反应的话语而改变着。当自己在遭遇麻烦，而且言语中总在透露自己的担忧时，我们的身体机制也会随之转向，向那个麻烦不断接近，于是身体机制就会整个开始紊乱。谁都明白，遭遇麻烦时，如果我们心中的担忧越深，麻烦不但解决不了反而会加剧。相反，一个在麻烦面前总是处变不惊，从容不迫且善于自制的人，麻烦对他来说实在不算什么，他总能找到解决的方法，并且避免麻烦带来的负面影响。更值得注意的是，这麻烦在经历之后还能为他带来更多的坚强和睿智。

5. 换个角度，假设我们的言语中总是有美好景象的表达，而且透露着内心的喜悦，那么整个身体机制就会因此积攒下无数的力量，为了实现那个美好画面而凝聚起所有力量为之努力，只为了创造一个美好的明天。在这种表达的基础上，我们的这种内在情感几乎决定了全部创造力的走向，我们在谈论关于成功、进步等等自己内心很是向往的状态时都会带着充沛的情感。当我们的话语中有大量关于成功的表达时，我们的身体机制就会为其准备好各种条件；当我们话语的表达处处都是怀疑、失败和失落感时，身体机制也会随之被自卑、混乱和不和谐的情绪给填满，并因为走向错误的方向。这也就解释了为何我们越是恐惧害怕的事情越会发生。恐惧本身也是情感的一种，它是对将要发生的事情不好的一面或是我们不希望发生的一面的预测。恐惧一旦被说了出去，身体的创造力走向就会朝着我们不希望发生的一面靠近，我们所不希望的事情自然而然就会发生了。

6. 话语生命力到底是建设性的还是破坏性的，决定它的因素实在太多了，最重要的莫过于以下几个：语调、话语动机和话语内容。这里提到的语调，凡是和谐、悦耳、生机勃勃，听起来很是诚恳、真诚的都是建设性的话语。相反，那些总是充满了抱怨、牢骚、讥讽等等的话语一定是破坏性的，破坏性的话语经常会给人们带来极致破坏的结果。要知道，抱怨、批评和责怪几乎对任何人来说都没有一丝好处，也于事无补。别人要是有不对的地方，我们可以用最温柔最委婉的方式来指出。试想一下，现实生活中很多顾客都遇到投诉的问题，谁的态度更坚定，语气更温和，更容易受到商家的重视，得到最好的售后服务，当然所投诉的问题就更容易得到解决。其实，很多话语在伤害了对方的同时也伤害了自己，甚至自己伤得更甚，这样的话语不如不说。相比之下，具有建设性的话语声音语调并不大，但却能很清楚地解释了问题，对方听起来很是安静祥和，更具有说服力，这种话语的力量我们时常能感受得到。凡谈论次数愈多，很多事情发生的可能性就越大。须知“隔墙有耳”这个道理，每个人的周围都存在一些别有用心的人，很多话一旦出口就让这些别有用心的人记住了，那么如果是破坏性的话语那一定会给自己造成不利。记住，别总去表达自己对事情不满的一面，这对自己来说只会带来无尽的伤害。有时候我们习惯去和身边的人倾吐自己的烦恼，适当地倾吐有利于自己的心理健康，但是很多事情如果过分了，结果一传十、十传百，自己的烦恼传到了更多人的耳朵里，反倒没有最初那么容易解决了，自己也会因此背上更多麻烦。不如学着把烦恼放在自己心里，多和他人分享一下自己自由、成功以及其他所得的经验，一边分享一边去享受其中的乐趣，这倒也是个创造新机会、新环境的做法，还能拓宽自己的新天地。我们想表达的话语若是无法给予自己鼓励，且无法给自己提供有益的娱乐的话，那宁可不说。说话不能浪费自己的能量，一个成天都在那喋喋不休的人，永远都不会有成为伟人的机会。

7. 我们要表达的话语背后的动机也应该是建设性的，说出的任何一句话都要包含着积极向上的精神才行。唯有这种的表达才真正是建设性的话语，才是人生价值意义的组成部分。记住，单凭表面现象来推断的观点不要说，一定要看到它的本质，说出来的话也要和本质相符。可是什么样的话语才是和本质相符的呢？现实中很多人都回答不了这个问题。其实这个问题很大，就算是简单定义的话也要费上很大的篇幅来科学解释。我们大可不必如此，只要举几个具体的例子大家或许就明白其中的道理了。人们有时候会感觉自己想表达什么但却不知道该说些什么的时候，有人就会用天气为话题打开这尴尬的局面，譬如会说："今天的天气真热"，"这鬼天气"，"怎么会这么冷"诸如此类的话。这些话似乎对现实中的天气都没有实质上的影响，本身也不存在什么价值，说它的作用是什么呢？事实上我们可以尽我们自己所能去对天气进行抱怨，但是天气不会因此有一点点变化。可是这话难道没有一点影响吗？是不是对人有影响呢？是不是和天气一样，不会有一点变化呢？当然不是，对人的影响是存在的。我们有了对某种事物的抱怨，对一种不良事物的恐惧就会充满我们的整个内心，而且还会迅速传遍整个神经系统，只是结果还未引起我们的注意。只要它经过长时间的积累，慢慢累积我们的恐惧，后果就不堪设想了。

8. 生活中，人们只要一谈到自己很容易会有抱怨的话语，例如"我再也受不了了"，"最近好累啊"，"我甚至不敢这么想"，"只要一变天我就不是很舒服"，"我太敏感了，最近很容易烦躁不安"，"我身体有点不舒服，还有点神经衰落"，"我的记性越来越差了"，"我的工作最近没什么激情"，"我没什么机会了"，"体力越来越差了"，"自己几乎没有什么机会了"，"生活中真是事事不如意"，"今晚的所有一切都糟糕透了"，"我最近被厄运缠身，总是碰到麻烦"，"我和其他人一样，有各种各样的弱点"，"我再努力也只能做到这样而已"，"我吃什么都要格外小心，一点点不小心就会拉肚子"等等。

9. 像上面那样抱怨的话语在生活中谁都曾说过，可是要知道这些话语无论哪一个都是破坏性的话语。只要是有一点点心理学知识的人都明白，这话一出口就会立刻对人对己产生很大的破坏性，所以不论什么情况下都不应该说这些。这些话语不但对人是有害而无益的，况且它还和事实并不相符。

10. 事实上，我们真的可以忘记自己的弱点，用精神来把自己彻底地武装起来，那么我们面对任何情形时都可以积极地承受。这样，我们也不会一直感觉十分疲惫。科学研究成果证明，人们每天八个小时的睡眠时间若是能够得到很好地保证的话，工作时就不会感到十分疲惫。所以，总在抱怨工作会让人感到疲倦是不符合事实本质的。另外，那种这也不喜欢那也不喜欢的人事实上是在有意地贬低自己。如果我们不喜欢某种事物，还说自己只要想到它就感觉恶心，那多半是让那种思想给控制住了。因为不喜欢某东西就从思想上排斥它，那结果的破坏性是超出我们想象的，时间一长我们也会因此不为人们所喜欢。消极的状态不会改变事情的走向，更不会逆转不利的发展，我们不能通过以错制错的办法来改变一切。当发现他人有了错误，那就试着去忘记，如果忘记不了那就去原谅他，亡羊补牢，及时去补救还来得及。再来说说对待天气的事情，大可找一种宽容的方式来对待它，找到和大自然和谐相处的方式，客观地去看待天气，不再被天气所控制。假如我们总是一而再再而三地去抱怨坏天气，人就会因为抱怨而变得十分消极，而坏天气还会给我们的身体带来无尽的伤害。

11. 一般来说，只要觉得自己很容易受到外界干扰的人就难以避免干扰。

假使我们的愿望就是要和身边的环境，包括大自然万事万物都保持和谐的话，那无论周遭的环境如何变化都无法干扰我们。一旦表达了自己内心紧张的人，自己只会越来越紧张，而自己所说的话当中也都是各种紧张和不和谐。记住，当紧张来临的时候，我们要淡定从容，多表达一些对自己鼓励的话语，紧张才能最终缓解。因此，我们心理发展的方向几乎已经为话语的性质所决定了。有些话语能叫我们冷静、沉着，可是另外一些却会带来混乱和不和谐。试想一下，我们在这两者中做一个选择的话，有谁会去选择后者呢？

12. 别总口口声声地说自己已经老了，生老病死是每个人都要经历的过程。有些结论仅仅是凭借表面的印象就推断而得来的，这些结论通常都是错误的结论。所以总认定自己的体力一天不如一天是和自己的实际不相符合的。切忌用自己的想法或是言行对天人合一的精神进行破坏。我们只要始终坚持真理，体力衰退的现象就不会出现，因为有了真理的协助我们的力量总在持续增长。

13. 唯有那些完全自卑的人才会认定自己再也没有好机会了，他们早已经陷入了自卑的泥沼当中了。如是要让自己自信起来，生活更有意义的话，就一定要相信自己可以，一定会有好的机会会落在自己身上。世界上需要的是有能力的人，并且一直如此。而现实当中随着科学的不断发展，每个人都有无数能够提升自己的机会。既然有这么多好机会在等待自己，那又何必总是那么消极地去抱怨自己的运气太差或是自己的日子太过艰难。只要你不想一直过这么糟糕的日子，就请别这么去表达。但凡时常抱怨自己日子难过的人，日子就好过不了了。只有在遭遇困难和挫折之后就选择忘记，这才能积极地重新生活，并很快扭转自己的运气。

14. 也有人觉得自己的生活处处都有陷阱，走得十分艰难，这种观点也不尽然。假设我们在说话的时候表达出这样的观点，那无疑是在给自己原本就不顺利的生活设下了更多的障碍。有挫折是很正常的，但是只要恰当处理这些困难都会过去。因此，找到得体合适的表达话语更有利于我们处理好所有问题，人生道路才能越走越顺。

15. 某个夜晚的经历叫自己感觉不够愉快，这个话题也尽量避免去说，一旦表达自己只会更加的不愉快。每个夜晚本身都没有什么不对的地方，之所以感觉不愉快，都是自身的体验或是兴趣发生了一些不可逆转的错误而引起的。因此，如果有了相关的体验，就告诉自己以后不再发生和自然价值相违背的事情就好了。在自己内心多默念几遍这样的话，我们以往的习惯和倾向都会因此而改变，生活也会逐渐健康和自然的。每每遭遇到事情的时候，我们都要坚定地相信自己的能力。有了对自己能应付各种事情的自信，每一天都能轻松自然地度过。从容的生活、理性的思维、踏实的工作、恰当的话语，每一个都能使自己摆脱不利和烦恼，生活因此扭转了方向。可是脑子里只有烦恼和不利因素的话，生活中就会错误不断，不顺心的事情也会不断增加。一旦有了差错就尽可能地先去弥补错误，从错误中站起来吸取经验再提升自己。

16. 我们会发现，喜欢自己的时候，不管吃什么东西我们都能吃得很香。可是如果不喜欢自己的时候，我们的胃口也会变得很差，什么食物都吃不进去。这才会出现这东西也不想吃，那东西也不想吃的现象，实际上是由于我们的身体机制被输入了不和谐的思想，行动也因此不够协调，整个身体机制都无比地紊乱，才会导致胃口不佳。食欲差大多数都是由于挑嘴这样的坏毛病而造成的。假设这种食物不是自己喜欢的，就不要去动它，这里说的动是不要把不喜欢用嘴来表达出来，除此外思想上也要尽可能远离它。所以对待不喜欢的食物，不能只是远离自己的身体，还要从思想上彻底远离。

17. 别忘了，我们说过的话都会融入我们的思想当中，一旦进入了思想这些话语对我们的影响就难以估量了。所以，我们在说每一句话的时候都要先和事实本质相符，其次还要避开那些对自己不利的话题。只要我们谈论低级错误的话题，虽然看起来非常公正公允，但本质上讲都是对自己有害的。还有一点，我们也不要去谈论那些表面事实，也就是我们通常说的相对事实。除非有更高的谈论价值，否则这些内容都不能成为我们的话语内容，即便需要也不要随意动感情。

18. 非常重要的一点是，我们所说的话都要尽量保证能起到建设性作用才行。生活中很多实实在在的真理都隐藏在纷繁复杂的现象之下，要积极去探索事实的本质，然后用自己的语言把这事实表达出来。做到这些我们至少可以确认一点，那就是如此表达对自己有利而无害。

19. 日常生活中的每一次谈话都要注意如何发挥话语的建设性原则。我们说出来的话不但会融入自己的思想，也可能融入他人的思想，此时他人心理活动的众多倾向也在很大程度上取决于我们的话语。众所周知，人的活动是受到思想支配的，有了话语对他人思想的影响，那么这些话语的重要作用就可见一斑了。

20. 人的行为受到思想的支配，所以思想总能产生非比一般的影响。我们脑海中什么东西出现的频率越高，它的影响力就会远远高于其他事物。对于反复在脑海中出现的事物，我们会尽力找到同其一致的相似点，并尽力靠近。我们每个人谈话的方式、性质和对象都会受制于思想的内容。假设自己的话语一开始就导向了错误、不良且平凡的事物时，或者说从一开始就向消极的事物靠近的话，那一定是破坏性的话语。这一类的话语总会暴露他人的缺陷和弱点，也会让我们总在关注这些弱点。相反，建设性的话语就会让人们把注意力集中到事物的优势之上，人们会因此把自己的理想追求在思想上和话语上固化下来。所以出于思想提升的考虑，一定要多说一些建设性的话语，这才能激发对自己潜能的充分认识。我们要禁止出现所有暴露自己和他人弱点的话语，还有那些会让自己陷入悲伤、痛苦以及低落情绪中的话语。我们的每句话都要带着希望、鼓励和阳光，积极向上的话语才是需要我们常常表达的话语。

21. 某人犯下的错误一再被提起，因为这个错误而带来的伤害就会感受越来越深。凡提起这错误，他就会感觉自己犯下了不可饶恕的罪过，事情越来越糟糕，烦恼也散不去。还有自己的不足如果说得多了，我们就会感觉越来越自卑，说话的时候一再地提及自己的缺陷，思想就会只在这个问题上面打转，缺乏自信的想法就再也摆脱不了了。总之，言谈举止中都不要总是触及让人感觉不开心的事情。要尽量去弥补自身的缺陷，唯一有效的办法就是去寻找到自己的优点，并积极地发展它，要根本地解决这个问题，还要集中所有注意力去发展自己的优点和长处才行。我们如果频繁地想起某一件事情，我们的思想所达到的深度和广度就会让我们所思考的对象呈现提升的趋势。

22. 在训练和发展儿童思想这件事情上，话语所起的作用还具备很特殊的价值。在大多数情况下，还有可能产生改变命运的巨大作用。训练和健康发展孩子的过程当中，那些对自己成长有益的积极因素才是自己要尽力去关注的事物。孩子们的注意力在很大程度上是取决于周围人和他们交流的方式和内容。如果周围人的话总是责备，那么孩子们就会反复想起自己的错误，也就是说多一次责备的表达，也就多一次让孩子想起自己错误的机会，同时还助长了错误的力量。结果孩子就会慢慢地遗忘自己的优点，反倒总是在关注自己的缺点。总是和孩子说这个不能做那个不能做也是不应该的，因为这对他们性格心理的健康成长也很是不利。孩子有逆反心理，不让做的事情他就更有冲动想做。他之所以没有去做那件事情，没有违背大人所说的，只因为他内心的欲望被自主控制住了，也可能是迫于家长的权威，可能是因为想尽了一切办法始终没能如愿等等原因，最后放弃的原因根本还是在于自己无法坚持下去了。

23. 越被禁止的事情就越有冲动想干，几乎所有人都很自然地会产生这种心理倾向。之所以会有这种心理倾向，正是因为来自于对禁止命令的恐惧心理，可是人们在恐惧的时候外界的诱惑特别难以抵抗。

24. 还有一种情况也会产生恐惧情绪，那就是当人们受到警告的时候，不过这时候还有可能会有好奇心理产生。但不论是好奇还是恐惧，只要是被警告过，人们心里就会对这件事情产生非常深的印象，我们的注意力会被这件事情全部吸引过去，我们的思想也完全在思考这件事情。最后时间一长，我们就会因此沉浸在其中难以自拔。换句话来说，我们原本是要避开某种危险的，结果因为警告而没能避开，反倒是进一步朝着危险靠近。当发现有人误入歧途的时候，不要用警告的方式来让他迷途知返，因为这不是最为明智有效的做法。当然如果对此不管不问也不应该，更不合适。正确的做法要尽可能去转移做错事情的人的注意力，用多陪他说话的方式来让他关注有价值和有意义的事情。这样的话，他就会忘掉痛苦的过去和曾经做过的不好的行为，重新开始自己的生活，把精力都转移到健康的兴趣之上。

25. 预防疾病和失败也同样适用这种方法。一个人全心全意地想着健康，没有精力去关注疾病，那么思想在这样的情况下就会迅速集中所有的力量去保证自己的健康。就算是原本身体有一定的疾病，强大的精神力量也会治愈它。如果我们一门心思地考虑要如何获得更高的成就，那么我们就会忽略挫折和失败，所有的思想力量都会为了自己的未来而努力，每一天我们都会看到自己的进步，成功就不难了。

26. 如何让自己避开去思考那些错误、不足和缺陷的消极内容呢？话语的建设性作用能够得到充分发挥就能让自己获得令人满意的效果。事实上，思想的进步和发展也要依靠这一方法。我们说的话要和自己想要达成的理想、抱负和追求都保持一致，因为实现自己特定的目标需要所有言语的服务。

27. 生活中大多数人有一种普遍的心理倾向，他们习惯按照自己的理想塑造朋友的形象，寻找内心理想的朋友。因此人们对于自己的朋友总是会下意识地指出他们的缺点和错误，还会劝告他们应该做什么，不应该做什么，我们的目的在于让他们能够符合自己的理想。父母和孩子间的关系也常常如此。可是没有人知道这种做法是达不到真正效果的。孩子若是有坚强的意志、主见或是个性的话倒是无害，如若不是这样，只会适得其反。

28. 要按照自己的理想来塑造自己的朋友或是孩子，那就不要在他们面前提到任何有关于缺点的事情。我们要在言语当中多一些鼓励的话语，多多提他们的优点、长处和潜能。那么朋友和孩子听完了以后才能有自信，为自己的所作所为而感到自豪骄傲。每一句激励人的话语都会鼓舞他们。多提及生活中有意义、有价值的事情吧，多和他们聊一些和理想追求有关的话题。避开人性缺点的话题，最好是连提都不要提。

29. 一旦发现自己和人聊天的时候，有其他人的话语中带有破坏性质，那就要尽力去转移话题，把破坏性质的话题转移到美好有利的话题上来。事物总有美好的一面，把注意力集中到有利的一面上总是能对自己起到积极的作用。生活中不少事物都有美好的一面，我们坚持去发现和关注它们会让自己受益匪浅。

第十八章 \ 用想象力勾勒未来

想象力能够为自己的未来勾画出一幅美好画卷，以此树立自己的目标和努力的方向。想象力还可以让人们避开环境对自身的掌控，让命运的控制力重新回到自己手中，为未来的奋斗做足准备。

1. 整个身体机制中有着众多的力量，不过这些力量必须齐心朝着明确的目标和方向努力，换句话说，全部力量要有个统一的奋斗目标或是可遵循的前进模式。

2. 所谓前进的模式还需要配合想象力的发挥才可以，尤其是建设性的想象力的作用。我们要获得一个能让所有力量都遵循的前进模式，必须通过想象为个性和思想的创造力来获得。生活中我们能够获得成就正是取决于这些创造力的成果。这也是我们为何将想象力视为人体最重要机能之一的重要原因。

3. 自己先要想象一下自己目标中的境界是什么，自己最想做的事情是什么，这是所有事情的起点。身体所有力量的前进模式就从这当中来，我们努力朝着这目标中的境界进发，才能实现自己为之奋斗的成就。对未来的想象中，所有成功和美好的事物都要去思考一下，未来不允许我们总是忧心忡忡。一旦对未来有了担忧，我们能给自身能量提供的模式就变成了以失败和挫折为目标的模式了，这样的结果只有失败而无法成功。我们要牢牢记住的还有，只有体内的每个器官都能正常运转，才会取得成功。忧虑和恐惧的环境下，器官的活动就不可能是正常的，只有在必胜的念头的鼓舞下，身体机制的每个器官和力量才会接收到正常的模式，发挥出最佳的水准。

4. 我们体内的每个器官要得到鼓舞，使之在长胜的信念下正常工作，必须每时每刻都提醒自己去思考一下获得成功时的模样，这就好比是在心理这面墙上图画上成功的画卷，身体机制中的所有力量在工作当中一抬眼就会看到这幅画，这样那成功的景象就会成为自己所有能量奋斗的目标。想象力的作用就是用来思考自己已经达成所愿的情境和自己梦想要做成的事情都达成时的样子，从而鼓舞自己全心全意地朝着这唯一的目标奋斗。

5. 当自己闲下来的时候，尽可能多地去利用想象力去想象类似这样的场景吧。把它们都挂在自己心理的那面墙最显眼的位置，如果这样，我们体内的每分力量，每个器官都可以随时看到它们了。思想在这样的过程中不停运转，想象力的丰富利用让我们的思想总处在思考的状态。一个清醒着的人不可能头脑里什么都不想，既然如此，为何不多思考一下那些美好的画面呢？有了这画面，我们就可以激励体内的力量持续进步。

6. 想象力要勾勒出未来美好的画面和情境，还需要我们将“马车套到星星上去”（这是英语中的一句俗语，本来的意思指的是有雄心却缺乏雄才的人，他们不切实际，好高骛远，但是这里提取的是它字面上的意思）。从目前的科学条件来看，星星还是很难到达的。试想一下，如果我们要把马车套到那么遥远的一个地方，就好比是思想随着风儿飞向了远方，自由翱翔，从一只原本只在泥土中蠕动的小虫实现了飞跃。思想自由了，自己也会有持续的进步。

7. 思想能插上翅膀乘风飞翔靠的是想象，唯有想象可以扩宽我们的思想，也只有想象能让思想开拓创新。说到这里，在为自我利益服务的过程中如果不依靠想象的话绝非明智之举。

8. 关于这一点，有几点非常实用的建议。

9. 第一条，要明确自己想要在什么环境内工作，从事什么样的工作，需要什么样的朋友等方面的需求，自己脑海里的理想中的这些事物都要尽量的完美。确定了这一切之后就要懂得坚持。在自己的脑海里深深地烙印下这些理想的目标，时时刻刻提醒自己要从精神方面和思想方向去实现自己理想中的目标，这是我们要做的第一步。

10. 第二步，想象一下已经在理想环境下的自己，在那样的环境当中工作和生活。记住在闲暇时间不要浪费自己的想象力去想象一些无意义的东西，那样的做法是愚蠢的。如若想象的是在理想环境中生活的自己，生活方式是理想的，结交的朋友也是理想的，大可朝着理想的方向尽情发挥自己的想象力，只要和自己的理想相吻合就可以。例如尚未找到合适工作的人就想象一下自己已经找到了理想的工作；已经找到工作的人就想象一下自己在工作中顺风顺水，业绩斐然。我们思想的每一刻都要贡献给自己的理想，给全身的力量树立一个明确的奋斗目标。

11. 我们就好比是对着模特作画的艺术家一般，而这里提到的模特就是我们的想象，全部的心理活动之所以能产生都得益于我们想象中的画面或是模特提供的启发和刺激。

12. 能否超越平凡的决定因素在于想象力，想象力为我们提供的发展模式可以是优质的、出色的，也有可能是非常劣质的。想象力如果不朝优秀、出色的方向发展的话，它最大的可能就是沦为平庸甚至是低俗。所以上文提到的第二步当中，我们要求自己要想象自己生活在理想的环境中，生活是理想的，所做的事情也是理想的。

13. 关于第二步的练习能给自己提供无尽的快乐，明确的想象力当中有着自己的理想，包含了理想的生活，理想的事情，这样的练习总是使我们感到十分快乐。然而仅仅有快乐是不够的，还要为了最终实现这理想，通过思想来训练自己。在每个人思想观念当中，至关重要的应该是思想精神的目标和方向。所以最高理想应该被放置在最为重要的地位上，发挥思想精神的全部力量，用最多的关注力来为理想实现而努力。

14. 再来说说第三步，欲望力、意志力和科学思考力要充分发挥出来。也就是说，自己所有的力量都要为了实现美好的愿望而付出自己的努力。古代希伯来人总是习惯先对未来做出预测，然后根据这个愿望来行动，最终预言就会变成现实。我们通过想象力去思考自己未来的理想情形就好比是我们对未来的预测，预测结束后如果能调动所有的力量为实现理想而努力的话，我们就能同古希伯来人一样把预言变成现实了。

15. 建设性运用想象力给予了整个身体机制的所有力量一个参照模式，体内全部的力量都会朝着为一个明确的目标而努力。简单说，我们从前总会浪费掉大量的能量，即便是剩下的那一小部分也没有得到很好地应用，原因在于环境启发或是自身散漫的思想。所以我们要建设性地运用想象力，让它激发所有能量为实现理想而服务。

16. 上面提到的是想象力的第一大功能，人类思想之所以是伟大机能中的一种也是得益于这个功能。此外想象力还有另外一个功能，思考所需的思考素材也由它来提供，有了想象力我们可以随时思考，有了这个基础，我们也可以不断训练自己想象那些自己理想中的事物了。换言之，有了想象力的这个功能，我们可以自主选择思考的内容，想想象什么就想象什么。能积极运用想象力这一功能的人也是在逐渐接近高人的过程中了。

17. 思想比普通人伟大的概念是指在任何情况下，自己都可以掌控自己的思想去思考那些理想中的事物，丝毫不受外界影响。自我控制力较强的人对于想象力的应用是十分得心应手的，他们有自己的欲望和理想，还能有独特的思想和观念。做不到自我控制的人，就不能有独到的想法，仅仅是凭借感官印象得到了部分想法，何况他们的想法还总是受到外界左右。因此重要的在于用思想去引导和控制我们的行为。一般人缺乏思想，只会跟在他人思想的背后，随波逐流，别人做什么他也跟着做什么，对于自己到底想要什么从来没有想过，也没有思考过什么对自己最好，主要的原因在于他无法排除外界的影响，总在模仿当中。通常来说，总被外界左右的人身上会有很多虚假的欲望，他们不懂得自己的欲望是什么，那些欲望是他人误导的。

18. 实事求是，不受外界影响的思想才是伟大的思想。生命当中最伟大的力量之一就是欲望力，它确保了我们所有追求的欲望都是正常的，都是从自身利益出发的，这些是很必要的。不过，欲望若是由外界影响而产生，或多或少都有不正常的地方，自我迷失几乎成了必然。

19. 很多人都因为无法完成自己理想中的事情，生活在理想的状态中，最终难以实现自己最大的价值，从而迷失了自我。他们从远处遥望着自己想要生活的环境发出了众多的叹息，但其实他们所站的位置从一开始就是错的。归根结底，就是因为自己身上有许多不正常、虚假的欲望存在。他们从未思考过自己究竟想要的是什么，自己的理想是什么，只是看到了他人想要什么就一味模仿。从生活、习惯、行为到欲望都纷纷模仿，一点不了解自己能做什么，能做到什么，这样带来的只能是过着他人理想中的生活。总而言之就是迷失了自己。

20. 真正的高人是不会迷失自己的，因为他们明白自己想要什么，所以不至于随波逐流。他们理想中的事情是有价值的生活，靠近自己最终目标的生活。

21. 一般人要从更换生活的环境开始尽可能改变自己的观点，要不然就是换一个环境，要不然就是对环境进行一些改变，思想感情才有可能发生变化。只有高人才能随时随地地去掌控自己的思想，环境对他们来说不是障碍，原因在于他们不受外界的任何影响。此外，即便是外界有了变化，他们的信念和目标也不会发生变化。唯独只有当他们自己想要改变自己的想法时，自己的想法、观点和追求才会因此做出改变。

22. 成为高人的奥秘其实说起来很是简单，就是灵活运用自己的想象力。所谓人如其所思，那些在内心世界里占有支配地位的画面是所有思想形成的依据，这些画面包括外界的感官印象，也有内在思考而得来的。外在的印象让人们产生的欲望需求，一定会受到环境的影响，也只能听由命运对自己一生的安排。可是如果能利用自己的想法来结合外在印象的话，那么所有的看法都可以融入心理画面中，自己就可以主宰环境，命运也就掌握在自己手上了。

23. 自己的所见所闻都会在自己的脑海里留下深刻的印象，每个人的敏感度有所差异，所以程度上会有区别。我们的所见中关于事物的性质会在脑海中得到重现，因此凡进入思想中的事物都会对整个身体机制有一定的影响。

24. 容易受到外界左右的人，只要是看见的事物，哪怕只是听见的、感觉到的都会对自己产生或多或少的影响，从而影响自己的思想和身体机制，并形成与外界事物类似的状态。这种人在生活中就好比在自己的内心当中挂了一面镜子，把自己的所见、所闻和所感都一一照在镜子当中，这种人一般没有特别的自主性，总在外界暗示下进行。所以说这样已经称不上是独立自主的个体，充其量只是一个“机器人”。

25. 思想总是受到环境左右的人难道还不像是机器人吗？他们的命运总是在其他因素的摆布之下前进。如果想要掌控自己的命运的话，就不能任自己的思想总是在环境的支配之下前进，也要拒绝他人的思想和需求。环境给予我们的启示我们要智慧地利用它，从而让环境为自己所用。人一生所处的环境有万千变化，每一样事物都能让人有所思，有所想，人怎么说都是有敏感度的，但是不能因为敏感就听由外界的控制和主导，被动地接受外界的支配这是不对的。唯有科学地利用周围环境的启示才是正确的做法。

26. 可是那些主张客观启示的作家常常会刻意地去将这一差别忽略，并且他们还在书中宣扬一切的主宰就是启示，这一说法无疑是在激励人们对客观世界保持敏感。其实我们也明白如果真像他们所说的，所有一切都 可以为启示所主宰，那么如何利用环境的启示就是我们希望能够获得的技能，只有这样才能让我们的思想摆脱它的控制。所谓的启示利用，倒不是说人们学会用启示去主宰他人的思想，而是希望通过启示来对自己的思想完成一次塑造。客观启示本身是生命的一个部分，毕竟所有的事物都能给予人们适当的启示。启示作为一个必要的因素存在，同时也是客观存在的。至于我们需要做的不过就是要让自己多多观察客观世界带来的启示，并锻炼自己去多多练习，拒绝为外界所盲目支配。

27. 解决这个问题的第一步，必须首先是自己愿意才行，否则一切和感官感知有关的事物都不允许在脑海中出现。自己要有独立的想法，从所见所闻和所感当中获得自我的思想体系，那些仅仅满足于直觉的做法是不错的。看到邪恶的东西不能一下就下定论认为它就只是“邪恶”的，尽量不要去思考邪恶为何是邪恶的，而是要透过邪恶了解背后有什么样的力量。要知道力量本身不是邪恶的，之所以邪恶是因为这力量用错了地方。理解了背后力量究竟是什么之后，就不会再对邪恶的事物单纯认定为邪恶的想法了，自己更不会因为有了这次不愉快的经历而感到难受了。同时，这一次特殊经历给自己带来的独到理解，也让自己离思想上的高人越来越近了。

28. 在纷繁复杂的世界中，有时候人们会感到斗志昂扬，精神焕发，有时候人们却会消沉意志，颓废不已。记住，我们要尽可能接近前一种状态，而避免后者。即便是前者也没有权力去决定我们的思想，要明白启示只能低于我们的思想。我们要利用积极的环境来推动自己向上，思想才能站得更高，看得更远。

29. 做一个思想的高人，不管环境是多么的美好，我们脑海里的思想始终要高于环境给予我们的启示。我们用自己的感官去感知这些环境，再用自己的头脑去加工这些感性的资料，随后为思想服务。做到了这些，我们的思想才不会为感性的原始印象所掌控，才能高于启示，启迪我们形成新观点和新见解。

30. 我们说到了对直觉印象的加工，实际上就是对各个方面从本质上进行深入分析，认清所有的活动、倾向、潜力以及缺陷。要知道自己想要的是什么，发挥自我想象力，确认自己的理想和抱负，脑海中一遍遍地为自己勾勒出理想的画面，我们的思想能力才能得到自我控制。谁能够自我控制自己的思想，谁就能实现自己的理想。

31. 一般人实现理想总是太过困难，其中的关键在于没有自我控制自己的思想，因此在外界影响下，就容易随波逐流，人云亦云，甚至将他人的追求也当作自己的追求，最终迷失了自我。

32. 设想一下，如果外界的人、物和环境左右了我们的思想，那我们就无法称之为一个有独立想法的人，自然就不会有自己独到的想法了。这时候我们说到自己的追求不过都是别人的追求罢了。自己看到别人要这个，我们也要这个，思想没有一个固定的追求目标，始终在飘来飘去，根本已经离我们的初衷越来越远，到最后就无法根据自己的意愿去进行思考了。这事情还没开始认真思考，又被另一件事情给干扰了，这事情没完那件事情又出现了，到最后没有一件事情能完成。

33. 要成为一个思想的高人，就要让自己的思想不受外界干扰，按照自己的意愿来思考，并且始终循着这个方向坚定地走下去，直到思考的全过程完毕。理解了自己想要追求的事物，就要决心永不放弃，不管别人追求的是什么，都要执着地坚持自己的追求，倾注所有的力量去为自己的追求而奋斗。不论自己追求的是什么，自己想要的就要下定决心坚持到底。

34. 纷繁复杂的大千世界总有各种各样的诱惑，所有外界的诱惑都需要被一一转化才能和理想追求之间保持一致，也才能让我们有了坚持下去的决心。在纷繁复杂的世界里，我们要正面地审视这个世界，要睁开眼睛去认真辨别哪些是有价值的东西，利用外界给予的各种启示来建立自己独到的思想体系，绝不能闭门造车，把所有事物都拒之门外。只有这样才能持续提高自己自我控制思想的能力，让思想为自己服务。久而久之，我们就能成为一名有别于普通人的高人。

第十九章 \ 理解体内奇妙的力量

每个人身上都有多种难以解释的强大力量，但它们都会以各种方式表现出来，在我们的行动中、思维中等等，利用这些方式我们能掌握到这些巨大能量的奥秘所在。而它们又能够提升自己并为实现目标而服务，所以理解这些巧妙的力量意义重大。

1. 软弱不是人性化的体现，让自己变得人性化一些主要是指人们体内的潜力要得以发挥。如果能充分挖掘出这方面的潜力，其中的力量是相当惊人的。

2. 人类对于自身的了解总在逐步加深，我们试图去解释身体内每一部分的力量，但其中关于内心的力量我们却始终知之甚少。这种情形看起来并不是太符合事宜和自然规律，但事实确实如此。不过人类走的每一步似乎都和这种力量有密切的关系。最开始我们接触的事物都是最简单、价值最小的。随着接触的东西越来越多，我们接触到的都是非常重要的东西了。我们从这些重要的东西当中挖掘到了隐藏最深、最强大的力量，而这种力量就是潜力，是至高至善的力量。

3. 每个人身上都蕴藏着潜力。潜力既然是至高至善的力量，那么它作为自然界当中最强大力量的一种，也是超越了人们可理解的范畴的。其他一些力量也是如此，譬如电力。电力可以算得上是自然界中非常强大的一种力量，可是人们这么长时间都无法解释电力究竟是什么力量。所以可以说越是强大的力量就越超越理解的范畴。人类在自然界当中还有很多无法解释的力量，我们无法认清它真正的本质，不过对于它们的功用我们却很充分地了解了，还能看到它们究竟在我们的生活当中起到了多大的功效，毕竟我们每时每刻都在和这些力量打交道。

4. 这来自心灵的力量或许可以被称为无意识的心理领域，在我们开始着手了解无意识心理领域之后，这巨大的心灵力量就会为我们所知了。平日里，我们所接触到的意识仅仅是它全部能量的一部分而已，不过是冰山一角罢了，大部分的意识还都藏在潜意识里面。现代心理学领域的专家都在这个领域当中探索过很长时间，这才得出了这个结论。要是某人能利用自己空闲的时间来亲身体验一下，要理解这个道理就很方便了。

5. 人类思维的意识领域当中，意识在完全清醒状况下的所有行为举止都能被我们发现，只不过这些行为的重要性远不如潜意识驱动下的行为举止。我们无法否认的一点是，有意识行动都要由无意识活动来驱动。我们的天性是由潜意识活动来驱动的，包括我们的能力和命运也都和无意识活动密切相关。当我们清醒的时候，有意识的行动和思想就会继续，此时我们潜意识的领域都会接受到来自这些行动和思想的影响。

6. 潜意识领域的发现和意识到，也就证明我们关于决定自己行动的力量也可以被自己挖掘出来。通过潜意识的作用，我们平常最为强有力的想法就能一一被召唤出来。当我们越来越重视这个事实的时候，我们生命的潜能就越能够被激发出来。

7. 关于潜意识领域与内心力量之间的重要作用，我们试图用爱的力量来举几个例子，通过它们来解释下这方面的作用。很多人对这种力量的天性都不太了解，此外对于探索其中力量的本源他们也不是太感兴趣。可是不管如何，其对于人类的生命来说是不容忽视最为重要的力量。尽管很多时候它的行动表现得还不是太过明显，我们也不清楚它们行动的根源是什么，只是我们很清楚要如何去引导这些力量，这些力量一旦能被有效地利用的话，对人对己都有很大的好处。此外，我们身边的其他力量也是如此，它们虽然也很难理解，但是它们比人类的意识作用要大很多。我们如果都懂得该如何去掌控这些力量的话，我们会从中获得惊人的受益。

8. 科学上对无意识的心理世界还无法进行详细的解释，但是每个人的行为举止当中却凸显了无意识心理世界的痕迹，因此通过控制和指导这些行为也能对无意识心理世界有所涉及。当我们开始对无意识的行为进行全面分析的时候，之前的经历告诉我们，一般情形之下，无意识所导致的结果也是固定的。无意识领域的这一发现可谓是至关重要的，要去证明这一点并非难事。

9. 大多数的情况下，表层思维的意识、渴望、感觉和爱好都不是来自于头脑清醒时所产生的东西，它们的根源还是无意识。当我们用认真的眼光去看待这些意识的时候，很容易就能发现意识和每个人现实活动中的行为彼此有着清晰的对应和关联，这些行为慢慢地也就潜入了我们的潜意识。在潜意识当中，它们仍旧同从前一样自然而然地活动，而这些活动的反应在不久之后就会浮现在意识的表层中去。

10. 说到意识和潜意识之间的关系，或许一个简单的物理运动就可以清楚地进行解释。在物理当中，凡是从一个特定的点开始的运动往往会产生某种情况的循环趋势，经过一段时间之后就会回到最初的原点。意识的运动就和这种运动非常类似。意识的运动一旦进入了潜意识的巨大世界当中，还具备运动的原动力，切记所有的心理活动都有这样的动力，因此它很快就会回到自己运动的原点。只不过这个时候的意识一定带上了无意识的心理经验，完成了自己整个完整的旅程。

11. 如果我们可以认真去分析心理过程当中的每一个阶段的话，我们就可以深入讨论这个问题，毕竟在实际生活当中，这个问题的作用很是发人深省。可惜这个问题真正要解释起来的话，所需的篇幅非常大，因此在这里我们还是比较简单地去叙述一下这个问题，主要针对的是它的实际层面，为大家勾画一下它简单的线条。唯有如此，大家才能更为理解如何去控制自己的无意识心理。

12. 自己在清醒的时候所产生的各种心理过程和心理活动，只要是达到足够强烈的程度就会渗入到无意识的心理过程当中去，然后经过无意识的作用慢慢地成为自己的天性或是习惯，再重新返回有意识的层面。我们从中可以窥见每个人性格形成和能力培养的奥秘所在。清醒时的自己为改进自己个性和能力的全部举动，只要是真诚的，只要是真心的，很快就会渗进自己的潜意识。在潜意识当中发展之后，再回到意识层面，改进了自己的性格和能力。

13. 可是很多人在性格和能力改进方面始终没有收获，还因为这样的结果而感到异常的沮丧。这一切都是由于他们没有认识到这个循环的过程是需要一定的时间的。如果把在意识层面所进行的活动称作是播种的话，那么收获就是指当这些行为进入潜意识层面，发生作用后再回到意识层面。从播种到收获的过程往往需要几个星期，也可能是几个月的时间。很多时候，一个人某一段时间已经放弃了自己的努力，却发现行为的结果开始慢慢降临在自己身上了，这也说明了所有努力都不会白白被浪费掉。不少人都有过类似的经历，从这些经历中分析，我们就会发现只要是非常强烈的意识就可能会进入潜意识，最终再回到原点。

14. 很多时候我们意识中的东西并没有回到最初的原点，事实上我们此时的意识也有着迫切的欲望，我们的心灵似乎还没有很快意识到要去发展这些行为，因此这些行为从播种到收获的时间就比较长，但它们最终还是会得到充分的完善并回到原点。事实上，心理过程对于每一个进入了潜意识世界的行为都不会发生遗漏。只要我们为了某一件事情预先做好了几个月的准备，那么我们的意识就会收到很准确的指令，这指令就会迅速渗入到潜意识的世界中去。潜意识里我们也会开始对未来的工作进行规划和思考。仔细想想这整个过程是非常有意思的，因此我们提到了要仔细去分析的话足足要写一本书才行。不过这里我们不赘述了。只需要大家试着将自己最好的想法、点子和希望都化为有强烈意识的行动，再经过潜意识的加工后，它们就会成为对我们未来十分有益的意识行为。

15. 很多作家在完成自己的伟大著作时，都是经过好几个月潜意识心理过程的加工才最终完稿的。包括其他的一切发明创造、戏剧作品、音乐、商业计划等等重要成果也都是通过这种过程来产生的。特定环境当中的每一个点子、思维、情感、心理活动，潜意识领域都会对其产生一定的影响，然后意识再带着这影响返回意识层面。我们一旦意识到了这个循环的过程，那么就会认识到潜意识的巨大潜力。因此我们总期待着潜意识世界可以加工良好的行为和意愿，用这种方式来帮助自己。一定要给自己的潜意识领域多施点肥，那样才会让自己收获丰硕的果实。

16. 我们这才搞明白，要完善自己的性格其实就是通过这种种瓜得瓜种豆得豆的方式来完成的，在这一过程中我们的性格会不断变坚强，能力也逐步全面。我们积极应用这个心理系统中的最高力量来指引潜意识发挥作用，从根本来说，我们心理过程的运作都由这些力量来决定。事实上要有效利用这些力量并不是非常难的事情，留意一下自己感受的方式就可以做到了。在某种程度上来说，我们对于自己潜能的应用程度决定了自己对自己的感受。事实上我们体内力量的涌动时时刻刻都可以被感受到，因此可以说我们始终都掌控着这份感觉。努力去感受一下自己有意无意的一些欲望，再根据这些欲望来采取行动。作用于无意识的这些力量是可以帮助自己创造出令人满意的结果的。

17. 不管什么时候如果要想掌控这伟大的力量，那么就要学会直观地感受它。再说一下，假设此时我们的心中正好有某种特定的情绪，想让这些情绪成为生活和行动的助推力的话，体验它们是不可避免的。情感从本质上说都有强烈的情感力量，不过不是所有的情感我们都能掌控，我们的潜力很多时候也因为情感的宣泄而被白白浪费掉了，这就是为何许多人看起来很是虚弱的原因。他们尽管有强烈的情感，但是却不能好好地掌控情感，所以才虚弱不已。此外，自己的情感若能得到淡定从容的掌控，我们身体和思想的能力也都能增强。

18. 不管什么情形下，一旦自己感觉已经无法控制自己的感受时，那就好好思考一下自己最想要的是什么。要是能把自己的全部思想都集中到自己最想要得到的事物之上的话，我们就再不会感觉自己有很多难以控制的想法了。很多人都要学会如何锻炼自己的感受方式，我们要坚定自己的意志和信念，朝目标努力，只有这样才不会再感受到有让人难受的想法出现。长时间的练习之后，我们能明确自己的感受方式，还能把自己所操控的感受方式都集中在期望的方式之上，即便身边的环境已经发生了很大的变化。所以说，控制自己的情感可以给予自己能力增长的动力，同时还能发现快乐的理由。心理的能量若是可以朝着自己期待的方向运动，对任何人来说都是有利而无害的。做到这一步，我们便获知了自己的性格和人生因为心理而产生了多大的改变。

19. 性格的形成是一个循序渐进的过程，通过累积的方式进行。性格改善需要我们做出多项努力，在此过程中还有一个潜意识的过程，此后我们的性格会因为这个潜意识过程而获得更多的能量。与此同时，我们还会因为这样的过程而创造出更多潜意识的进程，从而不断对生活和性格进行改善。我们经过了长时间的过程后就会发现自己的人格更加健全和优秀了。这一过程始终在持续，一直在进行。

20. 其实思维的构建也存在着同样的道理。我们要让心理力量创造出伟大的思维，首先就要让自己对自己的思维改善做出很多努力，当然这一过程同样也不能没有潜意识的参与。不少人之所以在思维构建过程没有取得成功，关键原因还在于他们的无意识没能在他们的努力和渴望中发挥作用。

21. 我们继续举一个例子来进一步说明一下。我们选择了一块满是石头的地，要在这块地上播种，没有落到石头缝里的土壤中的种子是不可能生根发芽的。这就好比我们期望能改进自己，但是自己的愿望始终无法坚强和强烈，那么潜意识的过程就无法被创造出来，也就进入不了潜意识的领域，如同没有进入肥沃土壤的种子一般，即便愿望非常美好，但是仍旧不会有美好的结果出现。所以我们要时刻记住在性格养成的过程当中，一个人的生活方式和行动方式都是由性格决定的。一个性格健全坚定的人，做事常常都是事半功倍，反之则做再多的努力也都会是无用功。很多人一生辛苦却没有梦想成真的一天，原因就在于此。他们在性格构建方面有很多的不足，或者说他们的努力从一开始就用错了方向，再多的努力也都浪费了。我们的理想是什么不重要，重要的是我们要让这理想务必强烈，要从改善自我起步。性格不够健全的人，做再多艰苦的努力也都不能达成所愿。人们力量方向的来源也是性格，在人们追求上进和不断完善自我的过程中，拥有一个坚定健全的个性是十分必要的。无论身处什么样的环境下，都要尽力去达成自己的目标才行。

22. 这种力量通常被称为人类潜力。它们在我们最高的意识领域中一刻不停地发挥着巨大的作用，在这种作用之下人们变得不再平庸。只不过要获得这么伟大的力量需要付出一定的努力，要积累自己的能力。有价值的人无一例外地都有利用这种高层次意识来改善自己的经验。事实上，我们要改变自己平凡的人生，如果缺少了上升到这一层次的过程，那几乎是不可能的。

23. 有时候，我们常常听到“不够脚踏实地”的批评，事实上人们确实需要超越生活的远大目标来激励自己。我们平凡的生活当中其实蕴含着生命中最为伟大的力量，只不过不站在最高的层次上是很难提炼出这力量的。在经历了至高情感的历练之后，人生才会唱出最美妙的歌曲，吟诵出最动人的诗歌。超越了平凡，自己的思想层次才能逐步提升，一个已经接触到至高思维边缘的人，会显得十分与众不同。

24. 观察一下那些思想内涵丰富，出类拔萃的人们，我们很快就发现了他们身上有着一个共同的地方，即十分崇高的意识品质。一旦到达了那么崇高的境界，不论是生理还是心理上，我们都会得以完善，变得和普通人不一样。所以只要我们明白了这种崇高意识下的经验，自己就因此变得更加出色。

25. 某些人被视为真正强大的人时，人格中就多出了很多与众不同的东西，人格中所蕴含着的都是非常独特的地方。这些独特都代表着人们隐藏在最深处的力量。当这些力量被充分运用的时候，它的强大就在人们的性格、能力和生命等方面显现出来。我们所说的真正强大的人就是由这种崇高意识中诞生的，他们所接触的是思维的至高领域，因此人格和思想的品质都得到了提升。同时它也是隐藏在每个人内部的力量。唯有认真利用这力量才会明白它的重要性。

26. 不管什么时候，我们只要接触到自己思维的最高层次，自然会获知许多超越性质的道德经验，这是我们从前从未体验过的智慧结晶。这样的灵光一现让我们的生命越来越精彩。有了这个办法，我们就能超越自己原本平凡的生活，将自己的感知方式提升一个档次。日常生活中，那些更高层次的力量也会成为我们关注的地方，因此我们可以接触到意识中的崇高领域。我们不愿意故步自封，对于现状也不是特别满意，那么我们就必须这么做。首先在我们的脑海里要有非常明确的目标，以挖掘自己的潜力为目标，不仅要操控自己的意识，更要利用意识来指引自己的力量。

27. 心理领域的作用在运用潜力的过程中还是要被重点考虑到。我们如果只是停留在意识的表层，生命中所有的高级元素我们都无法掌控，唯有当思维进入深层次时，也就是潜意识的心理领域，更深层次的力量才能被挖掘出来。我们生命当中的每一件事件，不论内在的心理事件或是外在的遭遇，其实都被心理领域所控制着。命运要掌握在自己的手里，那么理解心理就十分必要。

28. 准确来说，心理领域可以指贯穿整个人格体系中的所有潜意识行动。我们生活的方方面面都会受到心理学的影响，它本身是完善的领域。一旦进入这个领域，一切都很是亲切和熟悉。我们的日常生活充分证明了人生价值和成就是由心理学来决定的。凡是性格健全的人，从天性上来讲必然是深邃的。性格和善，有文化内涵的人都应该是这样的，他们有着很有内涵和深度的个性，他们所有的力量都来源于此。生活当中最为深层次的层面其实就是心理领域。

29. 人的情感和感觉中常常有不少重要的能量，其中最有意义的就是积极性的力量。人们通常会认为，积极性如果过分了就很难受到控制，不过只要合理引导的话，它还是可以转化成建设性力量的。当某个事物让自己充满了热情的话，那么自己原来未被发现的潜力就会被挖掘出来了。如果那些激发了自己热情的事物还能集中自己的注意力的话，曾经很难以企及的目标也都可以实现了。注意力集中且坚定，我们的潜力就会最大程度地被开发出来了。下一步行动中，我们要做的是拓宽自己的思维，并挖掘更多的潜力。在这个过程中，汇总的热情和积极性又会被激发出来，思维的成果也更进一步。这就好像是一个良性循环的过程。

30. 从上文可见，人的热情如果能积极地集中到产生热情的本源上去的话，又会有新的热情被激发出来，思维也会因此进一步完善，那么自己所期望的可能性就会因为能量的聚集而最终实现。如果从这个角度来分析的话，我们只有通过除旧布新的方式来实现成长、发展和进步。要产生新的生命、思维和意识，这就必须在创新意识上狠下功夫。这一点不但可以给予我们创新力的改进，还能帮助实现创新目标。热情只要是能朝着正确的方向发展的话，一定会实现很多愿望的。

31. 还有两种力量，判断力和感恩力，它们也和热情同样是并列的。只要意识到了事物的真正品质后，我们就会在内心世界里细心去栽培这种品质。一个人的价值在被欣赏的时候，他身上美好的价值和品质也会给我们的内心世界留下深刻的印象，我们就会因此试图提升自己的素质。而对于自我欣赏来说其实也是如此。有了对更真实自己的认识，我们也会因此有了更强的进取心，目光也会因此锁定更远大的目标，并为之努力。通过解释这个问题，我们也就明白了为何那些不懂得欣赏自己的人总是很难有所成就，凡做事都无法成功的真正原因。

32. 世间万事万物都有自己的价值，我们如果理解了它们的机制后，身体机制中更高层次的价值观也就被唤醒了。我们的思想因为有了这些而更加完美。所有被我们欣赏的意志品质就会慢慢在我们的心中长大，给予我们巨大的帮助，最终我们才有可能全心全意地注意那些我们欣赏的品质。我们也就了解了在欣赏和羡慕他人品质的时候同时也是培养自己的过程。

33. 不管什么时候，只要对某事物心存感激，自然就会朝着该事物慢慢靠近。不懂得感恩的人，是不会感知到自己和美好事物间所有的鸿沟的。之所以有如此大的鸿沟，就是因为自己不懂得感恩。如果能够对世间万物都心存感恩的话，那与美好事物的距离就越来越近了，世界万物都会因为感恩而送给人们最美好的祝福。不过有时候我们或许没有得到这样的结果，因此感到垂头丧气，这种失望的情绪会因为感恩的心而减轻，甚至是消失。不会有人总同情怨声载道的人。换个角度说，拥有感恩之心的人不管自己处在什么时候，遇见什么样的人，都会感觉有美好的感觉在自己身边。其中最重要的一点是，越是对自己所拥有的感到知足，就越会接触到生命中无数的潜力。

34. 心理力量中还有一个是渴望，每个人都要有迫切的渴望，对生命的渴望。渴望的作用还在于可以提升个人的心灵，结合自己的心灵和行动的力量。当在行动领域中用内心发现自己的时候，所有潜力都会被激发出来。但我们要明白，如果生命形式停留在低层次的话，这一点是做不到的，只有提升到了一定的高层次的时候，我们所有积蓄的灵感和力量都会迸发出来去实现最高层次的目标。

35. 还有野心也是这样的道理，它除了能提升自己的心灵之外，还能对行为能力进行培养。如果对某一件事情有强烈的野心的话，那么我们的体内就会被注入强大的力量。解释一下，要是在商业上有很强的野心的话，我们的商业才能就会不断提升，直到实现全部梦想。通常来说野心没有止境，有了强烈野心的人才能满足生命和灵魂的全部欲望。

36. 我们一旦知道了野心的作用和力量，也明白一个野心勃勃的人他的能量，随之就会明白不论是什么目标都可以实现。只要有野心，不管处在什么情况下，他们都会有不可估量的前途。平庸思维是不会有野心存在的，更不会去激发自己的野心。我们知道野心要是被完全激发出来的话，我们的前途一定是非常美好的。

37. 我们还应该关注理想的力量。有了自己的理想，并时时刻刻都不忘记朝着它奋斗的时候，我们就会感受到有源源不断的力量涌向自己，它们会在自己的每一个行动和能力中渗透进去，尤其是那些和实现自己的梦想相关的品质更是会贯注到我们的行为中去。

38. 我们脑海里最美好的画面就是理想，我们不能忘记要对自己的理想保持很强的崇敬，一刻都不能忘记它的存在。对于自己的理想一定要投入全身心的力量去追求，实现它才指日可待。很多成功人士的案例可以证明这一点。我们把自己所有的注意力都集中到对理想的追求上，内在的潜力就会不断被挖掘出来，这些力量几乎可以用来成就自己最伟大的能力，甚至是天赋。

39. 我们的心灵在坚持追求一个理想的时候，力量就会凝聚在自己的身上为了实现目标而奋斗，有了这方面力量的支持之后，不管什么样的目标都可以实现了。

40. 与理想很是相似的还有幻想和梦想。少了幻想的人注定是平庸的人，他不可能成为伟大的人。幻想和梦想能够提升自己的思想，让它到达更高的领域，因此我们会感受到有好多美好的事物在等待着自己去努力。这些激情一旦被激发出来了之后，我们的愿望不但会实现，潜力也会源源不断地涌现。有一个道理我们都很熟悉——“一个缺乏幻想的国家一定会灭亡”，其中的原因我们上面已经解释过了，对一个国家如此，对一个人也是如此。缺少了幻想的人他的情况会每况愈下。可是如果有了幻想，他就会开始勾勒未来的蓝图，积累力量为了未来而奋斗，成为一个更为出色的人。那些曾经可望不可即的愿望就会变为现实了。

41. 爱可以牢牢吸引住人们的注意力，所以爱的力量很是突出，它完全存在于人们的所有理想和美好的目标之上。爱上一个人就很难看到对方的缺点，因为他们身上最美好的一面吸引住了我们所有的注意力。和前面所提到的一样，在欣赏他人优秀品质的时候，我们也在不断地向这些美好品质靠近。爱的力量还能逐步提升自己的性格、思想和生命。所以要尽可能地去爱，爱那些生命中最为完美理想的人和事。

42. 一个男人爱上一个女人的时候，那个女人几乎就是他所有的梦想，他的人格和性格都得到了完善。一个女人爱上一个男人的时候，她也会变得光彩照人，因为爱让她最美的那个部分被激发了出来。真爱是持久的，能对人们生活的每个方面都产生深刻的影响。因此我们可以将其称为是天性中最为高级的力量之一，这其中的道理也是如此。

43. 我们要提到的最后也是最有力的一种高级潜能，那便是信仰。我们必须牢记，忠实的信仰不是信条或是普通的规则。它仅仅是一种心理活动，在怀抱着信仰时的所有行为举止。一旦有了信仰，力量就会进入我们体内，唤醒所有的力量，不论对哪种事物抱有信仰皆是如此。信仰将自己的力量渗入事物的精神当中，让事物和自己合二为一。我们因为信仰的力量而全神贯注地关注某一种事物。

44. 我们最高的感受力也来自于信仰，虽然这不仅仅是信仰的作用。对自己越是忠诚的人，对他人也越是忠诚。很多时候如果自己都不相信他人，他人又如何相信自己呢？相信自己吧，只有这样别人才会相信你。

45. 一个人若是对自己表现出高度的忠诚，那不论在什么时间什么地点，他都充满了无穷的力量。也只有这样的人才是能成就大事的人，能在竞争当中始终立于不败之地，也足以获得周围所有人的尊重。当然除此之外，他们还可以帮助他人激发自身的能量，为他人在竞争中赢得更多的筹码。信仰忠诚究竟有多少价值，我们都明白，毕竟这是人类最为高级的一种力量，我们也因此认识到了要对万事万物都虔诚地信仰是有多么重要。

第二十章 \ 发展自我潜力

潜力的能量是无穷无尽的，但是无法发现潜力的人是平庸的。不甘于平庸的人是不会只在表层生活的。他们会尽可能寻求自身的潜能，再用各种方式去发展它，让内心世界被潜力充满，朝着更高、更快、更强的高度去挑战。

1. 从现代心理学的研究成果来看，蕴藏在人体内的潜力是无法估量的。之所以得出这样的结论是基于两个事实的考虑：第一，人类的天性不受任何事物的限制；第二，源源不断提升的潜力总是蕴含在人类的所有天性中。人类在发现了这两个事实之后展开了对自己的全新认识，该认识基本上在全人类领域中均可运用。只有先考虑观念在人类社会中所起到的巨大作用，才能真正把这种认识转化为人类的力量。

2. 我们当中的任何人树立人生目标，不能单单是为了实现眼前的目标，还要继续完善自身的力量才行。我们最高的力量就是自身的潜能，毕竟相较于其他力量，它成为了最为根本的力量，可以为其他力量提供表现形式。潜力是开启自身力量源泉的根本力量。要把握这最基本的力量，就要先从我们自身的思想和行动入手。普通人之所以在过着碌碌无为的生活，只因为他们并不了解自身的潜力，更不清楚自身生命存在的真实。他们表面上也下了很多功夫，但是却始终没有下功夫去挖掘自己潜在的巨大力量。于是他们的潜力被白白浪费了，也没有对他们的人生产生丝毫的影响。它们要真正苏醒只有依靠人们去发现并一步步完善。

3. 普通的人难以成功的根本就在于无法深刻地认识到自己的人生，更无法从中挖掘出巨大的潜力。只要自身力量的源泉潜力被心灵挖掘出来，我们就能追求更高层次的发展，也不再会有对失败的恐惧心理了，取而代之的是坚信自己能成功的信念。哪怕是环境发生再大的变化，我们的心灵都会在潜力的作用下找到转机，我们也不再为外界的一切所限制，最终实现自己的梦想那就好比是探囊取物。开拓了潜力的心灵足以发现蕴藏在生命最深处的奥秘所在，我们也能通过它来看到自己能到达的高峰，从而更为深入地挖掘出潜力来。随着自我认识的一步步加深，我们会看到人生无限的可能性。

4. 自我生命的表面被自己看穿的时候，关于生命的奥秘就会一一呈现出来。当我们意识到一些东西的时候，我们就会很快用自己的方式将自己所看到的给表现出来。而蕴含在我们体内的巨大潜能也会因为我们的发现而慢慢注入我们的体内。到了那个时候，从前很难实现的梦想也能一一实现了。

5. 除了有表层的生活以外，人的生命中还有很多深刻的奥秘。我们要以此为人生的信条。一种思想要能转化成我们行为的力量，最重要的一点就是要去坚信这种思想。无论是生活还是工作，每时每刻都要提醒自己“我有更大的潜力”。时间一长我们就逐步完善了自身，还能因此获得更为优秀的才干。

6. 一般人在遭遇失败的时候，第一反应就是怨天尤人，他们会先抱怨自己受到的待遇不够公平。失败之后的他们开始随遇而安，原来坚持的梦想也随之放弃了。可是如果他们能明白自己身上还有很多尚未开发的潜力的时候，或许就不至于随意放弃自己的梦想，他会坚持下去，即便是失败也不会气馁，而是在倒下的地方再站起来。很明显，人们必须挖掘出自己的潜力，只有这样才会在遭遇困难和挫折的时候，坚信自己一定会成功。

7. 潜力通常是不会在表面上表现出来的。发现自己潜力的人有做好所有事情的自信，他不相信还有做不成的事情存在。这一切只因为他对自己的潜力了如指掌。有了自信的支持，他不惧怕到来的所有困难，心中那最坚强的力量能够支撑他们的内心世界和各种行动。

8. 请记住自己永远都有巨大的潜力存在，不管是生活中、思考中还是工作中，它几乎是不受任何外界事物的束缚，所以它足够强大。试着让自己的心灵和这股巨大的力量接触吧，再学会慢慢去掌控它。由此我们的心灵就会向人类财富和力量开启一扇大门。这股力量和我们的心灵之间会发生感应现象，现代心理学研究认为这力量是无限的，有无尽的可能性。

9. 人类之所以与其他动物相比显得更加神奇的原因在于，人类非常伟大，而且这种伟大是可以为人所认识到的。我们认识、发展自身的法则正是如此。蕴含在内心深处的力量，我们需要去认识并努力打破对它的束缚，这是一件对人对己都非常有益的事情。

10. 现实生活当中，思维方式就好比是一条带电的导线一般，只要是和它连接在一起的物体都会接收到从它那而来的电子传导，因为它也有相似的效果。伟大的内在力量也可以比做这样的一条导线，心灵和它相连接的时候，就会感受到力量的传输，并因此生机勃勃。此时，我们就有可能在生活中和工作中坚信“我有着无穷的潜力”这样的信条。所以只有当心灵和伟大的内在力量彼此连接的时候，它所发挥出的作用才能超出想象。

11. 持续地相信这条原则，生命最深处的力量才能被开发出来，毕竟在外在生命和内在力量之间的那扇门是由意识开启的，所以我们要调动意识来打开这扇门。

12. 一般人的资质平庸，而且总表现出无力感，原因在于他们对自身潜力的认识还不够，至于最深层的生命价值就更没有认识到了，所以他们更不会去关注自己还有什么潜在的可能性了。

13. 在生命表层生活的人是资质平庸的人，因为他们看不到潜力，以为这表层就是自己生命的全部，所以他们从来没想过要去追求伟大的内在潜力。他们的潜力被全部浪费，尽管他们的潜力始终都存在着，但意识那扇门一直都没有开启。

14. 这是个事实，平庸的人表现得十分软弱，而这是由于他们自己的选择造成的，要是能发掘自己的潜力，也就注定了他们选择的是伟大，从此他们就会走上他们自己选择的伟大道路。

15. 人类身上有着众多不平凡的潜力，这是不争的事实。不同的人的潜力或许有大小之别，但是我们不能否认每个人都有潜力存在，而且必须获得合理的运用和发展。对于个人或是一个民族来说，总在原地踏步、故步自封的做法是错误的，尤其是在自己还能表现得更好的时候，这么做更是错上加错。因此，任何人、任何民族都要积极挑战更高、更快、更强，挖掘自己的潜力才是上策。